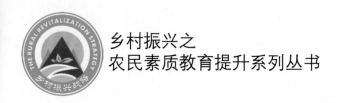

乡村振兴之
农民素质教育提升系列丛书

U0272368

农作物
病虫害防治图谱

◎ 郭东坡　吴玉川　王立春　主编

中国农业科学技术出版社

图书在版编目（CIP）数据

农作物病虫害防治图谱 / 郭东坡，吴玉川，王立春主编 . —北京：中国农业科学技术出版社，2020. 1

ISBN 978-7-5116-4567-8

Ⅰ. ①农… Ⅱ. ①郭… ②吴… ③王… Ⅲ. ①作物—病虫害防治—图谱 Ⅳ. ①S435-64

中国版本图书馆 CIP 数据核字（2019）第 279051 号

责任编辑　徐　毅
责任校对　马广洋

出 版 者　中国农业科学技术出版社
　　　　　北京市中关村南大街12号　　邮编：100081
电　　话　（010）82106631（编辑室）　（010）82109702（发行部）
　　　　　（010）82109709（读者服务部）
传　　真　（010）82106631
网　　址　http://www.CASTP.cn
经 销 者　全国各地新华书店
印 刷 者　固安县京平诚乾印刷有限公司
开　　本　710mm×1 000mm　1/16
印　　张　12.5
字　　数　200千字
版　　次　2020年1月第1版　2020年1月第1次印刷
定　　价　138.00元

《农作物病虫害防治图谱》
编 委 会

主　编　郭东坡　吴玉川　王立春

副主编　赵艳丽　殷碧秋　孔凡丽　韩加坤　于　卿

编　委（按姓氏笔画）

王　军　王目珍　马东红　刘道静　李　岩

李　欣　李　佼　李桂民　杜　伟　沈志河

张　晋　张庆玲　杨卫华　贺　莉　夏　伟

郭苏军　郭延鲁　高建党　崔　伟　蒋　平

前　言

随着农业耕作制度改革，作物布局变化趋势，农药的大量使用，导致许多次要病虫害严重发生，严重影响农作物的正常生长。习近平总书记在党的十九大报告中要求，确保国家粮食安全，把中国人的饭碗牢牢端在自己的手中。要实现粮食稳产高产、优质高效益的目标，确保国家粮食安全、社会稳定、人民生活富裕，就必须遵循农业生产规律，按照先进的、科学的栽培模式和实用的、有效的技术措施进行生产管理。做好农作物病虫害科学防治，可以为农作物生长发育创造有利条件，保护生态环境条件，实现当地自然资源的充分利用十分重要。可以不断提高种植者经济效益，为保障和满足市场经济发展需求，提高和改善人民群众的生活水平奠定基础。

目前农村专业合作社、家庭农场、专业种植生产大户、广大农民及基层农技人员、新型职业农民对大田作物病虫害防治实用技术的渴望与需求，很需要一本图文直观、实用的病虫害防治参考书。作者根据近几年黄淮流域种植业结构调整状况，结合自己长期从事农业技术推广、科研、培训工作实践与体会，在多年生产实践和最新科研成果的基础上，广泛吸收了国内外先进经验，又查阅了大量的相关文献资料佐证完善本书内容，组织编写了这本图文并茂、清晰直观、新颖实用、通俗易懂的《农作物病虫害防治图谱》一书，从大田作物病虫害症状识别、防治技术等方面作了较为详细的介绍。全书结构严谨，具备科学性强，技术先进成熟，利用价值高等特点，对指导种植生产实际，推动种植业持续快速发展，实现种植业的规模化、产业化，具有一定的参考作用和现实意义。

由于作者水平有限，加之时间仓促，书中不妥之处在所难免，敬请广大读者批评校正，进一步完善补充，凝练提升，发展创新。

编者

2020年4月

目 录

第一章
大田作物病虫害的防治综述

第一节　综合防治的概念

"预防为主，综合防治"是我国植保工作方针，把预防为主作为贯彻植保工作方针的指导思想，开展综合防治。综合防治是通过有机的协调应用各种防治手段，将有害生物种群控制在经济允许水平之下。即以生态学的原则指导有害生物防治；无须灭绝有害生物种群；重视自然因素的控制作用。

一是要有农田生态系统的整体观。即从整体观念考虑，将有害生物作为农田生态系统中的一个组分来处理，明确以作物为主体的主要生物组分之间、生物与物理环境之间的相互依存、彼此制约的辩证关系，结合作物生产管理，采取适当人为措施，增加农田生态系统中自控和调节作用，对有害生物进行优化管理，把病虫的发生数量控制在经济允许之下。

二是确定以经济允许损失水平为药剂防治的基准。要研究病虫发生数量发展到什么程度需要药剂防治，以阻止其继续增长到造成经济损失的程度，即防治指标或经济阈值。

三是充分利用自然控制因素，加强健身栽培，最大限度减少使用化学农药及其造成的副作用。

四是综合防治的目标要考虑当前经济效益，更要考虑长远利益。通过综合防治，维持农田相对稳定的生态平衡，减少病虫害对高产、优质的影响，延缓有害生物抗药性，达到农作物高产、优质，减少投入，降低成本，改善环境质量，提高经济、生态、社会三大效益的目的。

第二节　综合防治的方法

根据"预防为主，综合防治"的植保方针，可分为植物检疫、农业防治、化学防治、生物防治和物理机械防治五大类。

一是植物检疫。植物检疫是指为了防止植物危险性病、虫及其他有害生物由国外传入和国内传播蔓延，保护农业环境，维护对内、对外贸易信誉，履行国际义务，有国家制定法令对进口和国内不同地区间调运的植物及其产品进行植物检疫与监督处理。

二是农业防治。农业防治就是在认识和掌握病虫害、作物和环境三者之间相互关系的基础上，利用作物布局、抗病虫品种、秸秆还田、合理施肥、轮作倒茬、节水灌溉、中耕、深耕、深松、早播或晚播、早收或晚收、间苗定苗、整枝打叉、植物诱集、脱毒种苗、清洁田园等措施，压低越冬基数（包括虫源、菌源）来控制病虫害发生数量，达到控制病虫为害的目的。

三是化学防治。化学防治就是利用化学农药直接控制病虫害的防治措施。应根据作物种类、生育期，病虫种类及发生程度、天敌存量及益害比例、气象条件等综合因素来选择农药的种类、剂型、剂量和科学的使药方法，如拌种、浸种、土壤处理、毒饵、毒土、灌根、喷雾、喷粉、泼浇、沟施、涂茎、点心、注射、熏蒸等，以达到安全、有效、经济、及时控制病虫害目的。

四是生物防治。生物防治就是利用有益生物及生物的代谢产物防治病虫害的方法，如以虫治虫、以菌治虫、以菌治病、脊椎动物对害虫的捕食以及利用生物的代谢物（如性诱剂）控制害虫。

五是物理机械防治。物理机械防治就是利用各种物理因素、机械设备及现代除虫工具来防治病虫害的方法。主要有人工机械捕杀、诱集和诱杀、阻隔法及利用温湿度、放射能、激光等防治病虫害。

第三节　农作物病虫害专业化统防统治

随着我国农业、农村经济的迅速发展，农业集约化水平和组织化程度的不断提高，土地承包经营权的有序流转，规模化种植、集约化经营，已成为农业、农村经济发展的方向，迫切需要建立健全新型社会化服务体系。农作物病虫害专业化防治较好地解决了因农村劳动力大量转移，农业生产者老龄化、女性化的突出问题，防治病虫害日趋困难的难题，是新型社会化服务体系的重要组成部分，有效地促进了规模化经营，促进了现代农业的发展。

农作物病虫害专业化统防统治，是指具备一定植保专业技术条件的服务组织，采取先进、实用的设备和技术，为农民提供契约性的防治服务，开展社会化、规模化的农作物病虫害防控行动。农作物病虫害专业化统防统治组织应具备以下条件。

（1）有法人资格经工商或民政部门注册登记，并在县级以上农业植保机构备案。

（2）有固定场所具有固定的办公、技术咨询场所和符合安全要求的物资储备条件。

（3）有专业人员具有10名以上经过植保专业技术培训合格的防治队员，其中，获得国家植保员资格或初级职称资格的专业技术人员不少于1名。防治队员持证上岗。

（4）有专门设备具有与日作业能力达到20hm²以上相匹配的先进实用设备，如自走式喷雾机、农用飞机。

（5）有管理制度具有开展专业化防治的服务协议、作业档案及员工管理制度。

第二章
小麦病虫害

第一节　小麦病害

一、小麦纹枯病

1. 症状与为害

小麦纹枯病在黄淮麦区发生普遍，且为害严重。该病主要发生在小麦叶鞘和茎秆上，发病初期，在近地表的叶鞘上产生周围褐色、中央淡褐色至灰白色的梭形病斑，后逐渐扩展至茎秆叶鞘上（侵茎）且颜色变深，形成云纹状花纹，病斑无规则，严重时可包围全叶鞘，使叶鞘及叶片早枯；重病株茎基1～2节变黑甚至腐烂、烂茎抽不出穗而形成枯孕穗或抽后形成白穗，结实少，子粒秕瘦。小麦生长中后期，叶鞘上的病斑常有时可见到一些白色菌丝状物，空气潮湿时上面初期散生土黄色至黄褐色霉状小团，后逐渐变褐；形成圆形或近圆形颗粒状物，即病菌的菌核。该病是真菌性病害，以菌核附着在植株病残体上或落入土中越夏或越冬，成为初侵染的主要来源。被害植株上菌丝伸出寄主表面，对邻近麦株蔓延进行再侵染。小麦播种早、播量大、氮肥多、长势旺，浇水多或阴雨天气造成湿度大，有利于病害的发生。主要引起穗粒数减少，千粒重降低，还引起倒伏。一般病田减产10%左右，严重时减产30%～40%。

2. 防治方法

（1）农业防治。适期适时适量播种；增施有机肥，氮磷钾肥配方使用；实行合理轮作，减少传播病菌源基数；合理灌水，及时中耕，降低田间湿度，促使麦苗健壮生长和抗病能力；选用抗病和耐病品种。

小麦纹枯病苗期茎基部症状　　　　　　小麦纹枯病中部叶鞘症状

小麦纹枯病中上部症状　　　　　　　　小麦纹枯病后期白穗症状

（2）种子处理。选用有效药剂包衣（或拌种），可用2.5%咯菌腈悬浮种衣剂10～20mL或2%的戊唑醇10～20g拌种10kg；或用10%三唑醇粉剂按种子量的0.3%拌种。

（3）药剂防治。小麦返青后病株率达5%～10%（一般在3月中旬前后）喷药，在纹枯病发生地区或重发生年份，每667m^{2}用70%甲基硫菌灵可湿性粉剂70～100g，或用20%三唑酮乳油30～50mL，或用12.5%烯唑醇可湿性粉剂30～40g，或用24%噻呋酰胺悬浮剂20mL对水50～60kg喷雾，或用20%丙环唑乳油1 000～1 500倍喷雾（注意尽量将药液喷到麦株茎基部）；第二次用药在第一次用药后15d左右施用，可有效防治本病。或用氯溴异氰尿酸、戊唑醇、已唑醇等防治。

二、小麦全蚀病

1. 症状与为害

小麦全蚀病主要为害小麦根部和茎秆基部。此病一旦发生，蔓延速度较快，一般一块地从零星发生到成片死亡，只需3年，发病地块有效穗数、穗粒数及千粒重降低，造成严重的产量损失，一般减产10%~20%，重者达50%以上，甚至绝收，是一种毁灭性病害。

该病幼苗期病原菌主要侵染种子根、地下茎，使之变黑腐烂，称为"黑根"，部分次生根也受害；病苗基部叶片黄化，分蘖减少，生长衰弱，严重时死亡。拔节后根部变黑腐烂，茎基部1~2节叶鞘内侧和茎秆表面布满黑褐色菌丝层。抽穗灌浆期，茎基部明显变黑腐烂，形成典型的"黑脚"症状，病部叶鞘容易剥离，叶鞘内侧与茎基部的表面形成"黑膏药"状的菌丝层。田间病株成簇或点片状分布。该病是真菌性病害，病菌是一种土壤寄居菌，在土壤中存活1~5年不等，是一种土传病害。施用带有病残体的未腐熟的粪肥、水流可传播病害，多雨、高温、地势低洼麦田发病重。早播、冬春低温以及土质疏松、瘠薄、碱性、有机质少、缺磷、缺氮的麦田发病均重。有病害上升期、高峰期、下降期和控制期等明显的不同阶段，只要病害到达高峰后，一般经1~2年后病害就自然得到控制，出现自然衰退现象的原因与土壤中拮抗微生物群逐年得到发展有关。

2. 防治方法

（1）植物检疫。保护无病区，控制初发病区，治理老病区：无病区严禁从病区调运种子，不用病区麦秸作包装材料外运。

 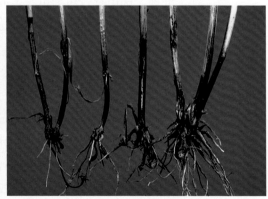

小麦全蚀病白穗症状　　　　　　小麦全蚀病根部症状

小麦全蚀病茎基部症状

（2）农业措施。

①合理轮作，因地制宜，实行小麦与棉花、薯类、花生、豌豆、大蒜、油菜等非寄主作物轮作1～2年。

②增施有机肥，磷肥，促进拮抗微生物的发育，减少土壤表层菌源数量；深耕细耙，及时中耕灌排水。

③选用抗病耐病品种。

（3）药剂防治。

①种子包衣：用12.5%硅噻菌胺悬浮剂按种子重量20mL拌种10kg，或用3%苯醚甲环唑种衣剂50～100mL加2.5%咯菌腈悬浮种衣剂按10～20mL包衣种子10kg。

②喷药防治：在小麦拔节期间，每667m²用20%三唑酮乳油100～150mL，对水50～60kg喷淋小麦茎基部，或用25%丙环唑乳油、12.5%烯唑醇可湿性粉剂、10%三唑醇粉剂等可用作喷浇防治小麦全蚀病。

三、小麦根腐病

1.症状与为害

小麦根腐病又称小麦根腐叶斑病或黑胚病、青死病、青枯病等。全国各地麦区均有发生，是麦田常发病害之一。一般减产10%～30%，重者发病率20%～60%，或更多。全生育期均可引起发病。幼苗染病后在芽鞘上产生黄褐色至褐黑色梭形斑，边缘清晰，中间稍褪色，扩展后引起种根基部、根间、分蘖节和茎基部变褐色腐烂，最后根系朽腐，麦苗平铺在地上，下部叶片变黄，逐渐黄枯而亡。成株叶上病斑初期为梭形或椭圆形褐斑，扩大后呈椭圆形或不规则褐色大斑，病斑融合成大斑后枯死，严重的整叶枯死。叶鞘染病产生边缘不明显的云状块，与其连接叶片黄枯而死。叶鞘上病斑不规则，常形成大型云纹状浅褐色斑，扩大后整个小穗变褐枯死并产生黑霉。病小穗不能结实，或虽结实但种子带病，种胚变黑。黑胚病不仅会降低种子发芽率，而且对小麦制品颜色等会产生一定影响。该病是真菌性病害，病菌以菌丝体和厚垣孢子在小麦、大麦、黑麦、燕麦、多种禾本科杂草的病残体和土壤中越冬，翌年成为小麦根腐病的初侵染源。发病后病菌产生的分生孢子再借助于气流、雨水、轮作、感病种子传播，该菌在土壤中存活2年以上。根腐病的流行程度与菌源数量、栽培管理措施、气象条件和寄主抗病性等因素有关。生产上播种带菌种子可导致苗期发病。幼苗受害程度随种子带菌量增加而加重，侵染源多则发病重。耕作粗放、土壤板结、播种覆土过后、春麦区播种过迟、冬麦区过早以及小麦连作、种子带菌、田间杂草多、地下害虫引起根部损伤均会引起根腐病。麦田缺氧、植株早衰或叶片叶龄期长，小麦抗病力下降，则发病重。麦田土壤温度低或土壤湿度过低或过高易发病，土质瘠薄，抗病力下降及播种过早或过深发病重。小麦抽穗后出现高温、多雨的潮湿气候，病害发生程度明显加重。栽培中高氮肥和频繁的灌溉方式，也会加重该病的发生。

小麦根腐病苗期症状

小麦根腐病后期症状

小麦根腐病茎基部与穗部症状　　　　　　小麦根腐病中后期叶部症状

2. 防治方法

（1）农业防治。与油菜、亚麻、马铃薯及豆科植物轮作换茬；适时早播、浅播，合理密植；中耕除草，防治苗期地下害虫；平衡施肥，施足基肥，及时追肥，不要偏施氮肥；灌浆期合理灌溉，降低田间湿度；选用抗病耐病丰产品种。

（2）种子处理。播种前可用2.5%咯菌腈悬浮种衣剂，防治根腐病，每100kg种子用制剂150~200g。或用50%扑海因可湿性粉剂或75%卫福合剂、70%代森锰锌可湿性粉剂、50%福美双可湿性粉剂、20%三唑酮乳油，按种子重量的0.2%~0.3%拌种，防效可达60%以上。

（3）药剂防治返青—拔节期喷洒25%丙环唑乳油4 000倍液，或每667m²用50%福美双可湿性粉剂100g或50%氯溴异氰尿酸水溶性粉剂60g，对水75kg喷洒。在小麦灌浆初期用25%丙环唑乳油50mL/667m²，或用25%嘧菌酯20g/667m²、5%烯肟菌胺80mL/667m²，或用12.5%腈菌唑60mL/667m²加水30~50kg均匀喷雾。

四、小麦茎基腐病

1. 症状与为害

小麦茎基腐病在幼芽、幼苗、成株根系、茎叶和穗部均可受害，以根部受害最重，是近几年新发生病害之一。播种后种子受害，幼芽鞘受害成褐色斑痕，严重时腐烂死亡。苗期受害根部产生褐色或黑色病斑。成株期受害植株茎基部出现褐色条斑，严重时茎折断枯死，或虽直立不倒，但提前枯死，枯死植株青灰色，白穗不实，俗称"青死病"，人工拔时茎基部易折断，拔起病株可见根毛和主根表皮脱落，根冠部变黑并黏附土粒。叶片上病斑初为梭形小斑，后扩大成长圆形或不规则形斑块，边缘不规则，中央浅褐色至枯黄色，周围深绿色，有时有褪绿晕圈。穗部发病在颖壳基部形成水浸状斑，后变褐色，表面敷生黑色霉层，穗轴和小穗轴也常变褐腐烂，小穗不实或种子不饱满，在高温条件下，穗颈变褐腐烂，使全穗枯死或掉穗。麦芒发病后，产生局部褐色病斑，病斑部位以上的一段芒干枯。种子被侵染后，胚全部或局部变褐色，种子表面也可产生梭形或不规则形暗褐色病斑。该病是真菌性病害，病菌主要以菌丝体潜伏在种子内和病残体中越夏、越冬，小麦播种后，种子和土壤中的病菌侵染幼芽和幼苗，造成芽腐和苗腐。分生孢子可随气流或雨滴飞溅传播，侵染麦株地上部位。生育后期高温多雨，可大流行。田间病残体多，腐解慢，病菌数量就多，发病重。连作麦田，发病较重。幼苗出土慢，发病重。土温20℃以上，高湿，有利发病。土质贫瘠、水肥不足易发病。小麦遭受冻害、旱害或涝害，可加重病害发生。

小麦茎基腐病苗期茎基部症状

小麦茎基腐病后期茎基部症状

小麦茎基腐病根部症状

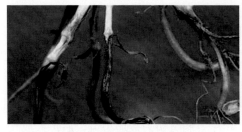
小麦茎基腐病根部典型症状

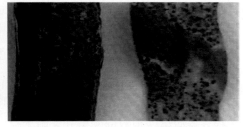
小麦茎基腐病叶部症状

小麦茎基腐病白穗症状

2. 防治方法

（1）农业防治。因地制宜选用抗病、耐病品种、选无病种子。适期早播、浅播，避免在土壤过湿、过干条件下播种。增施有机肥、磷钾肥，返青时追施适量速效性氮肥。合理排灌，防止小麦长期过旱过涝，越冬期注意防冻。勤中耕，清除田间禾本科杂草。麦收后及时翻耕灭茬，促进病残体腐烂。秸秆还田后要翻耕，埋入地下。与非禾本科作物轮作，避免或减少连作。

（2）种子处理。播种前进行药剂拌种，药剂可以选用48%苯甲·吡虫啉悬浮种衣剂，与种子按400g/100kg种子包衣；27%苯醚·咯·噻虫悬浮种衣剂，与种子按400g/100kg种子包衣；24%苯醚·咯·噻虫悬浮种衣剂，与种子按800g/100kg种子包衣；32%戊唑·吡虫啉悬浮种衣剂，与种子400g/100kg种子包衣；12%吡唑·灭菌唑悬浮种衣剂，与种子按65g/100kg种子包衣；52%吡虫·咯·苯甲悬浮种衣剂，与种子700~800g/100kg种子包衣。

（3）药剂防治。防治适期：3月上中旬。

防治方法：每亩可选用430g/L戊唑醇悬乳剂60~70mL，或用17%唑醚·氟环唑悬乳剂30~40mL对水60~70kg淋喷小麦茎基部，同时，兼治小麦纹枯病、根腐病等，对发病较重的地块可连续喷施2次，用药间隔期7~10d。如麦蚜、红蜘蛛同时发生的地块，可与吡虫啉或阿维菌素、磷酸二氢钾或芸苔素内酯等药剂混用，增加植株抗性，提高防治效果，见下表。

表 小麦根部病害症状比较

病害	典型特征	基部叶鞘	根部	茎基部
纹枯病	叶鞘上出现云纹病斑，后期造成枯白穗	出现中间灰白，边缘褐色的云纹病斑	正常，白色，易拔出	严重时侵入茎秆，形成近圆形眼斑，不腐烂

（续表）

病害	典型特征	基部叶鞘	根部	茎基部
全蚀病	茎基部表面呈"黑脚"状后期造成枯白穗	叶鞘内侧黑褐色菌丝层	变黑色，能拔出	表面变黑，不腐烂
根腐病	根基部、根间、分蘖节和茎基部变褐色腐烂。出现"青死"白穗	叶鞘边缘不明显的黄褐色云状病斑	变褐色，能拔出	出现褐色条斑梭形斑
茎基腐病	茎基部和根变褐色，后期造成枯白穗	病斑不规则形，浅黄至黄褐色	变褐色，从土中拔出时，根毛和主根表皮脱落，易在茎基腐烂处撕断	出现褐色条斑，易折断

五、小麦胞囊线虫病

1. 症状与为害

小麦胞囊线虫病在各麦区分布较普遍，对作物产量所造成的损失非常严重，一般产量损失为20%~30%，发病严重地块减产可达70%，直至绝收。该病是燕麦胞囊线虫侵染而起，在田间分布不均匀，常成团发生。苗期受害小麦幼苗矮黄，由下向上发展，叶片逐渐发黄，最后枯死，类似缺肥症；根部症状是根尖生长受抑，从而造成多重分根和肿胀，次生根增多、分叉，多而短，丝结成乱麻状，受害根部可见附着柠檬形胞囊，开始灰白，后变为褐色。返青拔节期病株生长势弱，明显矮于健株，根部有大量根结。灌浆期小麦群体常现绿中加黄，高矮相间的山丘状，根部可见大量线虫白色胞囊（大小如针尖），成穗少、穗小粒少，产量低。该线虫以胞囊内卵和幼虫在土壤中越冬或越夏，土壤传播是其主要途径。农机具、人畜活动、水流、种子均可传播；甚至大风刮起的尘土是远距离传播的主要途径。在小麦苗期，天气凉爽、土壤湿润，幼虫能够尽快孵化并向植物根部移动，就会造成为害严重；一般在沙壤土或沙土中为害严重，黏重土壤中为害较轻；土壤水肥条件好的地块，小麦生长健壮，为害较轻；土壤肥水状况差的地块，为害较重。

小麦胞囊线虫病病株与健株

小麦胞囊线虫病株根部　　　　　　　　小麦胞囊线虫病大田症状

2. 防治方法

（1）农业防治。此病属局部发生，应避免从病区调种，防止种子中的带病土块扩散蔓延，病区应选用抗、耐病品种；合理轮作，如小麦与非寄主作物（豆科植物）进行2～3年轮作，可有效减轻病害损失；有条件麦区可实行小麦——水稻轮作，对该病防治效果更好；冬麦区适当早播或春麦区适当晚播，避开线虫的孵化高峰，减少侵染概率；加强水肥管理，增施肥料，增施腐熟有机肥，促进小麦生长，提高抗逆能力。

（2）药剂防治。在小麦胞囊线虫病严重发生的地块，在整地时可每667m^{2}用1.0%阿维菌素颗粒剂或10%噻唑膦颗粒剂2kg，拌细沙15kg进行土壤处理，杀死土壤中残留的胞囊线虫病菌，能够在一定程度上有效防治小麦胞囊线虫病。

六、小麦土传花叶病

1. 症状与为害

小麦土传花叶病是由土壤中的禾谷多黏菌传播的病毒病，主要为害冬小麦的叶片，黄淮河流域均有发生。严重的产量损失可达30%～70%。该病多发生在生长前期侵染麦苗，表现斑驳不明显。翌春，新生小麦叶片症状逐渐明显，出现长短和宽窄不一的深绿和浅绿相间的条状斑块或条状斑纹（褪绿条纹）。病株一般较正常植株矮，有些品种产生过多的分蘖，形成丛矮症，绿色花叶株系，退绿条纹，黄色花叶株系等，病株穗小粒少，但多不矮化。小麦土传花叶病毒主要由土壤中的禾谷多黏菌传播，是一种小麦根部的专性弱寄生菌，本身不会对小麦造成明显为害。禾谷多黏菌产生游动孢子，侵染麦苗根部，病毒随之侵入根部进行增殖，根部细胞中带有大量病毒粒体，并向上扩展，翌春表现症状。小麦土传花叶病毒是土壤带菌，主要靠病土、病根残体、病田水流传播，也可经汁液摩擦接种传播。一般先出现小面积病区，以后面积逐渐增大。病毒能随其休眠孢子在土中存活10年以上。播种早发病重，播种迟发病轻。

2. 防治方法

（1）农业防治。合理轮作，与豆科、薯类、花生等进行2年以上轮作；调节播种期；加强肥水管理，施用农家肥要充分腐熟；提倡施用酵素菌沤制的堆肥；合理灌溉，严禁大水漫灌，雨后及时排水；禁止多黏菌的病土扩大传病。选用抗病或耐病的品种。

小麦土传花叶病病株

小麦土传花叶病病叶	小麦土传花叶病大田症状

（2）土壤处理。零星发病区采用土壤灭菌法，在耕地前每667m²地撒施50%多菌灵可湿性粉剂10kg左右。重病地块小麦播种前采用焦木酸原液或1：4的稀释液处理土壤，这种方法不但对灭菌有效，还有抑制杂草的作用；利用石灰氮作肥料对防治本病有显著效果。

（3）药剂防治。结合药剂防治，喷施叶面肥，促进病苗、弱苗转壮升级。喷药时应先对发病（点）区施药封锁，再向四周喷药保护。建议亩选用3.95%病毒必克可湿性粉剂600～800倍液或31%吗啉胍·三氮唑可溶性粉剂1 000倍液，外加0.2%～0.5%复合磷酸二氢钾或海德尔600～800倍液，对水30～45kg混合喷雾。视病情发展情况，间隔7～10d施药1次，连防2～3次。

七、小麦锈病

小麦锈病又称黄疸病，是由柄锈属真菌侵染引起的一类病害，分条锈病、叶锈病和秆锈病3种，条锈病和叶锈病对小麦为害较大。3种锈病可根据夏孢子堆和冬孢子堆的形状、大小、颜色、着生部位和排列方式区分。群众形象地说"条锈成行叶锈乱，秆锈是个大红斑"。

（一）小麦条锈病

1. 症状与为害

小麦条锈病是一种气传病害，病菌随气流长距离传播，可波及全国。该病菌主要为害小麦的叶片，也可为害叶鞘、茎秆和穗部。小麦感病后，初呈褪绿色的斑点，后在叶片的正面形成鲜黄色的粉疱（即夏孢子堆）。夏孢子堆较小，长椭圆形，在叶片上排列成虚线状，与叶脉平行，常几条结合在一起成片着生。到小麦接近成熟时，在叶鞘和叶片上长出黑色、狭长形、埋伏于表皮下面的条状疱斑的孢子，即病菌的冬孢子。条锈病主要在西北冷凉春麦区越夏，华北麦区侵染来源主要来自陇南、陇东、西南等夏孢子可以越冬的麦区。春季小麦锈病流行的条件有：有一定数量的越冬菌源；有大面积感病品种；当地3—5月雨量较多，早春气温回升快，外来菌源多而早时，则小麦中后期突发流行，减产严重。

小麦条锈病病状

小麦条锈病大田初期病状　　　　　　　小麦条锈病大田后期（流行）病状

2. 防治方法

（1）农业防治。在锈病易发区，不宜过早播种；及时排灌，降低麦田湿度抑制病菌夏孢子萌发；清除自生、寄生苗，减少越夏菌源。合理施肥，避免氮肥施用过多过晚，增施磷钾肥，促进小麦生长发育，提高抗病能力。

（2）选种。选用抗病丰产良种如抗条锈30号、31号和29号小种的品种，做好抗锈品种的合理布局。

（3）种子处理。药剂拌种用99%天达恶霉灵2g加"天达2116"浸拌种型25g（1袋），对水2～3kg，均匀喷拌麦种50kg，晾干后播种，随拌随播，切勿闷种。还可兼防白粉病、全蚀病、根腐病、纹枯病和腥黑穗病等。

（4）药剂防治。在小麦拔节至抽穗期，条锈病病叶率达到1%左右时，开始喷药，以后隔7～10d再喷1次。药剂可选用20%三唑酮乳油每667m² 30～50mL，或用43%戊唑醇悬浮剂每667m² 20g，或用12.5%烯唑醇可湿性粉剂每667m² 15～30g，对水50～60kg叶面喷雾。

（二）小麦叶锈病

1. 症状与为害

小麦叶锈病分布于全国各地，发生较为普遍。叶锈病主要发生在叶片，也能侵害叶鞘。发病初期，受害叶片出现圆形或近圆形红褐色的夏孢子堆。夏孢子堆较小，一般在叶片正面不规则散生，极少能穿透叶片，待表皮破裂后，散出黄褐色粉状物。即夏孢子，后期在叶片背面和叶鞘上长出黑色阔椭圆形或长椭圆形、埋于表皮下的冬孢子堆。小麦叶锈病菌较耐高温，在自生小麦苗上发生越夏，秋播小麦出土后叶锈菌又从自生麦苗上转移到冬小麦麦苗上。播种较早，气温较高，利于叶锈病的生长，小麦发病受害重。播种较晚，气温较低，不能形成夏孢子堆，多以菌丝潜伏在麦叶内越冬。

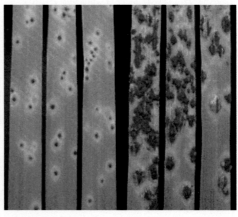

小麦叶锈病病叶

小麦叶锈病病株   小麦叶锈病大田症状

2. 防治方法

（1）农业防治。选用抗叶锈优良品种；麦收后及时消灭自生麦苗和杂草，以减少越夏菌源。

（2）种子处理及药剂防治。参照小麦条锈病药剂防治。

（三）小麦秆锈病

1. 症状与为害

小麦秆锈病分布于全国各地，病害流行年份，常来势凶猛、为害大，可在短期内引起较大损失，造成小麦严重减产。秆锈病主要发生在小麦叶鞘、茎秆和叶鞘基部，严重时在麦穗的颖片和芒上也有发生，产生很多的深红褐色、长椭圆形夏孢子堆，常散生，表皮破裂而外翻。小麦发育后期，在夏孢子堆或其附近产生黑色的冬孢子堆。小麦秆锈病的流行主要与品种、菌源基数、气象条件有关。该病菌在华北麦区不能越冬，春末夏初的致病菌原主要来自东南麦区。一般在小麦抽穗期——乳熟期这一阶段前后的田间湿度等影响病害流行的关键因素密切相关，也是秆锈菌夏孢子萌发和浸染的主要时期。

2. 防治方法

基本同条锈病。

小麦秆锈病初期病状

小麦秆锈病中期病状

小麦秆锈病后期病状

小麦秆锈病大田叶部脱肥病状

八、小麦白粉病

1. 症状与为害

小麦白粉病在黄淮流域发生普遍的真菌性病害，近年来随着麦田肥水条件的改善及高产田群体密度加大，小麦白粉病发病逐年加重。该病自幼苗到抽穗后均可发病。主要为害小麦叶片，也为害茎、穗和芒。病部最先出现白色丝状霉斑，下部叶片比上部叶片多，叶片背面比正面多。中期病部表面附有一层白粉状霉层，一般叶正面病斑较叶背面多，下部叶片较上部叶片病害重，霉斑早期单独分散逐渐扩大联合，呈长椭圆形较大的霉斑，严重时可覆盖叶片大部，甚至全部，霉层厚度可达2mm左右，并逐渐呈粉状。后期霉层逐渐由白色变为灰色，上生黑色颗粒。严重影响光合作用，使正常新陈代谢受到干扰，造成早衰，产量受到损失。小麦白粉病流行的条件：在大面积种植感病品种基础上，4—5月气温在15~20℃、相对湿度在70%以上时；小麦生长旺盛，群体密度过大，植株幼嫩，抗病力低或者倒伏的麦田。病菌在黄淮平原麦区不能越夏，可在海拔500m以上山区的自生麦苗或春小麦上越夏为害，秋季随气流传播到平原冬麦区上发生为害。

小麦白粉病病叶

小麦白粉病病株　　　　　　　　　　　小麦白粉病病穗

2. 防治方法

（1）农业防治。选用抗病丰产品种为主，百农207、矮抗58和丰德存5号等抗性较好；合理密植，适当晚播，氮磷钾配方合理施用，科学灌溉，适时排水，消灭初期侵染源。

（2）种子处理。可用15%三唑酮可湿性粉剂按种子重量0.12%拌种，控制苗期病情，减少越冬菌量，减轻发病为害，并能兼治散黑穗病。

（3）药剂防治。在小麦白粉病普遍率达10%或病情指数达5%～8%时，即应进行药剂防治。每667m²用25%咪鲜胺乳油20mL，或用43%戊唑醇悬浮剂20mL，或用12.5烯唑醇20g，或用20%三唑酮乳油20～30mL，或用15%三唑酮可湿性粉剂50～100g，对水50～60kg喷雾，或对水10～15kg低容量喷雾防治。

九、小麦黄矮病

1.症状与为害

小麦从幼苗到成株期均能感小麦黄矮病，由小麦蚜虫传染的一种病毒病。在我国冬春麦区都有不同程度的发生，感病小麦整株发病，黄化矮缩，流行年份可减产20%～30%，严重时减产50%以上。苗期感病时，叶片失绿变黄，病株矮化严重，其高度只有健株的1/3～1/2。被侵染的病苗根系浅、分蘖少，上部幼嫩叶片从叶尖开始发黄，逐渐向下扩展，使叶片中部也发黄，呈亮黄色，有光泽，叶脉间有黄色条纹。病叶较厚、较硬，叶背蜡质较多。拔节期被侵染的植株，只有中部以上叶片发病，病叶也是先从叶尖开始变黄，通常变黄部分仅达叶片的1/3～1/2处，病叶亮黄色，变厚、变硬。有的病叶叶脉仍为绿色，因而出现黄绿相间的条纹。后期全叶干枯，有的变为白色，多不下垂。病株，矮化现象不很明显，但秕穗率增加，千粒重降低。穗期感病的麦株仅旗叶发黄，症状同上。个别品种染病后，叶片变紫。该病由传毒麦蚜为害麦苗感病。冬季以若虫、成虫或卵在麦苗、杂草的基部或根际越冬。翌年春季为害和传毒，因此，春秋两季是黄矮病传播和侵染的主要时期，春季更是黄矮病的主要流行时期。

小麦黄矮病症状

小麦黄矮病病株与健株　　　　　　　　小麦黄矮病传毒蚜虫

2. 防治方法

（1）农业防治。选用抗病、耐病品种；加强栽培管理，增施有机肥，扩大水浇面积，创造不利于蚜虫繁殖的生态环境，冬麦区避免过早、过迟播种；清除田间杂草，减少毒源寄主。

（2）种子处理。用70%吡虫啉湿拌种剂30g，对水250～300mL，混合均匀配成溶液，将12.5～15kg小麦种子摊在塑料薄膜上（也可以用盆），用配好的包衣液均匀洒在小麦种上，搅拌均匀，摊开晾干后播种；也可使用手动或电动拌种机拌种。

（3）药剂防治。根据虫情调查结果决定，一般在10月下旬至11月中旬喷1次药，以防治麦蚜，在田间蔓延、扩散，减少越冬虫源基数。返青到拔节期防治1～2次，就能控制麦蚜与黄矮病的流行。药剂种类和使用浓度为：10%吡虫啉可湿性粉剂2 000～3 000倍，还可采用25%氰戊·辛硫磷乳油、2.5%联苯菊酯微乳剂等。当蚜虫和黄矮病混合发生时，应采用治蚜、防治病毒病和健身管理相结合的综合措施。将杀蚜剂、防治病毒剂（病毒A、植病灵、菌毒清任意一种）和叶面肥、植物生长调节剂（如芸苔素内酯）按适当比例混合喷雾，将可收到比较好的效果。

十、小麦赤霉病

1. 症状与为害

麦类赤霉病是小麦的主要病害之一，全国麦区都有发生。可以侵染小麦的各个部位，自幼苗至抽穗期均可发生，引起苗枯、茎腐和穗腐等。大流行年份病穗率达50%～100%，减产10%～40%。该病菌的代谢产物含有毒素，人畜食用后还会中毒。赤霉病最初在小穗颖片上出现水浸状病斑，逐渐扩大至整个小穗和穗子，严重时整个小穗或穗子后期全部枯死，受感染的穗子呈灰褐色。气候潮湿时，感病小穗的基部产生粉红色胶质霉层，为病菌的分生孢子座和分生孢子。后期穗部产生煤屑状黑色颗粒。黑色颗粒是病菌的子囊壳。在幼苗的芽鞘和根鞘上呈黄褐色水浸状腐烂，严重时全苗枯死，病残苗上有粉红色菌丝体。发病初期，茎基部呈褐色，后变软腐烂，植株枯萎，在病部产生粉红色霉层。该病是真菌性病害，病菌主要以菌丝体潜伏在稻茬或玉米、种子也可带菌。一般因初侵染菌源量大，小麦抽穗扬花期间降水多，湿度大，病害就可流行；或地势低洼、土壤黏重、排水不良的麦田湿度大，也有利于该病的发生。小麦抽穗扬花期气温在15℃以上，连续阴雨3d以上，或重雾、重露造成田间湿度大，就有严重发生的可能；小麦抽穗后15～20d，阴雨日数超过50%，病害就可能流行，超过70%就可能大流行，40%以下为轻发生年。

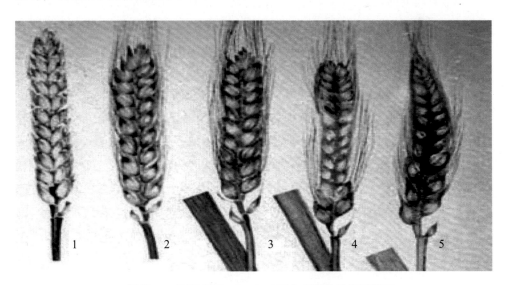

1. 健穗；2. 初期病穗；3～5. 病害在麦穗上的发展情况

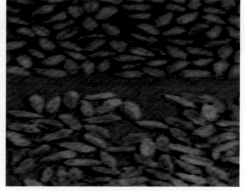

小麦赤霉病病穗　　　　　　　　　　　　　小麦赤霉病病粒

2.防治方法

（1）农业防治。适时播种，合理施肥；深耕灭茬，消灭菌源；合理灌排、降低田间湿度；选用抗病耐病品种；合理密植和控制适宜群体密度，提高和改善麦田通风透光条件。

（2）种子处理。在播种前进行种衣剂包衣或用拌种，按种子量的3%药量与种子混拌均匀。

（3）药剂防治。小麦赤霉病重在预防，治疗效果较差。防治重点是在小麦扬花期预防穗腐发生。在始花期喷洒，要在小麦齐穗扬花初期（扬花株率5%~10%）用药。药剂防治应选择渗透性、耐雨水冲刷性和持效性较好的农药，每667m^{2}可选用25%氰烯菌酯悬浮剂100~200mL，或用40%戊唑·咪鲜胺水乳剂20~25mL，或用28%烯肟·多菌灵可湿性粉剂50~95g，对水30~45kg细雾喷施。视天气情况、品种特性和生育期早晚再隔7d左右喷第二次药，注意交替轮换用药。此外小麦生长的中后期赤霉病、麦蚜、黏虫混发区，667m^{2}用吡虫啉或10%抗蚜威10g加40%多·酮100g或60%多菌灵盐酸盐70g加磷酸二氢钾150g或尿素、丰产素等，防效优异。喷药时期如遇阴雨连绵或时晴时雨，必须抢在雨前或雨停间隙露水干后抢时喷药；如果连阴有雨，下小雨可以喷药，但应加大10%的用药量。喷药后遇雨可隔5~7d再喷1次，以提高防治效果，喷药时要重点对准小麦穗部，均匀喷雾。

十一、小麦黑穗病

小麦黑穗病是真菌性病害，常见的有小麦腥黑穗病、小麦散黑穗病和小麦秆黑粉病，其共同特点是病菌一年只侵染1次，为系统侵染性病害。

1. 症状与为害

小麦散黑穗病在我国各麦区都有发病。主要为害穗部，茎和叶等部分也可发生。感病病株抽穗略早于健株，初期病穗外包有一层浅灰色薄膜，小穗全被病菌破坏，种皮、颖片、子房变为黑粉，有时只有下部小穗发病而上部小穗能结实；病穗抽出后，随后表皮破裂，黑粉散出，最后残留一条弯曲的穗轴。病菌在花期侵染健穗，当年不表现症状，次年发病，并侵入第二年的种子潜伏，完成侵染循环。

小麦散黑穗病穗部症状

小麦散黑穗病大田症状

　　小麦腥黑穗病为光腥黑穗病和网腥黑穗病，前者除侵害小麦外还侵害黑麦，后者仅侵害小麦，全国各地都有发生，小麦腥黑穗病主要为害穗部，一般病株较矮，分蘖较多，病穗稍短且直，颜色较深，初为灰绿，后为灰白或灰黄。颖壳麦芒外张，露出全部或部分病粒（菌瘿）。病粒较健粒短粗，初为暗绿，后变灰黑，包外一层灰包膜，内部充满黑色粉末（病菌厚垣孢子），破裂散出含有三甲胺鱼腥味的气体，故称腥黑穗病，病菌孢子含有毒物质三甲胺，面粉不能食用，如将混有大量菌瘿和孢子的麦粒作饲料，会引起家禽和牲畜中毒。腥黑穗病菌以厚垣孢子附在种子外表或混入粪肥、土壤中越冬或越夏。种子发芽时，病菌从芽鞘侵入麦苗并到达生长点，后以菌丝体形态随小麦而发育，到孕穗期，侵入子房，破坏花器，抽穗时在麦粒内形成菌瘿即病原菌的厚垣孢子。

小麦腥黑穗病初期病穗症状

小麦腥黑穗病后期病穗症状

小麦腥黑穗病病穗

小麦腥黑穗病病粒

　　小麦秆黑粉病主要发生在小麦的茎秆、叶和叶鞘上，极少数发生在颖或种子上。常出现与叶脉平行的条纹状孢子堆。孢子堆略隆起，初白色，后变灰白色至黑色，病组织老熟后，孢子堆破裂，散出黑色粉末，即冬孢子。病株多矮化、畸形或卷曲，多数病株不能抽穗而卷曲在叶鞘内，或抽出畸形穗。病株分蘖多，有时无效分蘖可达百余个。该病以土壤传播为主，种子、粪肥也能传播，在种子萌发期侵染。

小麦秆黑粉病病叶

小麦秆黑粉病病秆

小麦秆黑粉病病穗

小麦秆黑粉病病株

2. 防治方法

（1）农业防治 及时清除田间病株残茬，减少传播菌源；播种不宜过深；秋种时要深耕多耙，施用腐熟肥料，增施有机肥，测土配方施肥，适期、精量播种，足墒下种，培育壮苗越冬，增强作物抗逆力，以减轻病虫为害；选用耐病抗病品种。

（2）温汤浸种 有变温浸种和恒温浸种，变温浸种是先将麦种用冷水预浸4～6小时，捞出后用52～55℃温水浸1～2分钟，再捞出放入56℃温水中，使水温降至55℃浸3分钟，随即迅速捞出冷却晾干播种。恒温浸种把麦种置于50～55℃热水中，立刻搅拌，使水温迅速稳定至45℃，浸3小时后捞出，移入冷水中冷却，晾干后播种。

（3）石灰水浸种用优质生石灰0.5kg，溶在50kg水中，滤去渣滓后静浸选好的麦种30kg，要求水面高出种子10～15cm，种子厚度不超过66cm，浸泡时间气温20℃浸3～5d，气温25℃浸2～3d，30℃浸1d即可，浸种以后不再用清水冲洗，摊开晾干后即可播种。

（4）药剂拌种用6%的戊唑醇悬浮种衣剂按种子量的0.03%～0.05%（有效成分），或用种子重量0.08%～0.1%的20%三唑酮乳油拌种。或用50%多菌灵可湿性粉剂0.1kg，对水5kg，拌麦种50kg，拌后堆闷6小时。也可用种子重量0.2%的福美双、或多菌灵、或甲基硫菌灵等药剂拌种和闷种，都有较好的防治效果。

第二节　小麦虫害

一、地下害虫

麦田常见地下害虫有蛴螬、金针虫、蝼蛄为害方式是咬食嫩芽、幼苗、植株根茎，造成缺苗断垄。近年来由于秸秆还田、简化栽培、少、免耕等耕作制度的改变，拌种药剂单调等原因，致使地下害虫的种群数量回升、为害普遍加重，尤其是金针虫、蛴螬在部分地区重度发生。

1. 为害症状

（1）蛴螬。蛴螬是多种金龟子的幼虫，其种类最多、为害重、分布广，成为为害小麦的主要地下害虫之一。为杂食性，几乎为害所有的大田作物、蔬菜、果树等，主要种类有铜绿金龟、大黑鳃金龟、暗黑鳃金龟、黄褐丽金龟等。幼虫为害麦苗地下分蘖节处，咬断根茎使苗枯死，为害时期有秋季9—11月和春季4—5月2个高峰期。蛴螬防治指标：蛴螬3头/m²及以上。

（2）金针虫。金针虫又称沟叩头虫，主要有沟金针虫和细胸金针虫两大类。以幼虫咬（取）食种子、幼芽和根茎，可钻入种子、根茎相交处或地下茎中，被害处不整齐呈乱麻状，形成枯心苗以致全株枯死。防治指标：金针虫3～5头/m²及以上，春季麦苗被害率3%及以上。

（3）蝼蛄。常见的种类主要有非洲蝼蛄和华北蝼蛄，蝼蛄几乎为害所有大田作物、蔬菜，为害小麦是从播种开始直到第二年小麦乳熟期，春秋季为害小麦幼苗，以成虫或若虫咬食发芽种子和咬断幼根嫩茎，经常咬成乱麻状使麦苗萎蔫、枯死，并在土表穿行活动钻成隧道，使种子、幼苗根系与土壤脱离不能萌发、生长、或根土若分若离进而枯死，出现缺苗断垄、点片死株，为害重者造成毁种重播。蝼蛄防治指标：0.3～0.5头/m²及以上。

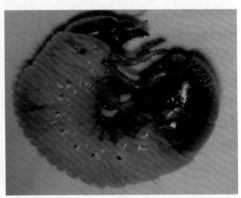

蛴螬

金针虫

2. 防治方法

（1）农业防治。地下害虫尤以杂草丛生、耕作粗放的地区发生重而多。采用一系列农业技术措施，如精耕细作、轮作倒茬、秸秆还田结合深耕深翻整地，施用充分腐熟的有机肥，适时中耕除草、合理灌水等均可压低虫口密度，减轻为害。

金针虫   蛴螬与金针虫混发

蝼蛄   地下虫为害状

（2）药剂防治。

①土壤处理：为减少土壤污染和避免杀伤天敌，应提倡局部施药和施用颗粒剂。在多种地下害虫、吸浆虫混发区或单独严重发生区，可用3%辛硫磷颗粒剂每667m^2 2～3kg犁地前均匀撒施地表，或用50%辛硫磷乳油每667m^2 250～300mL对水30～40kg犁地前均匀喷洒于地表，或每667m^{2}用50%辛硫磷乳油250mL，加水1～2kg，拌细土20～25kg配成毒土撒入田间，随犁耙地翻入土中。

②药剂拌种：对地下害虫一般发生区，常用50%辛硫磷乳油拌种时按1∶70∶700（农药∶水∶种子）拌种，对地下害虫均有良好的防治效果，并能兼治田鼠。先将农药按要求比例加水稀释成药液，再与种子混合拌匀，堆闷5～6小时，摊晾后即可播种。

③小麦出苗后，当死苗率达到3%时，立即施药防治。撒毒土：每667m²用5%辛硫磷颗粒剂2kg，或用3%辛硫磷颗粒剂3～4kg，对细土30～40kg，拌匀后开沟施，或顺垄撒施，可以有效地防治蛴螬和金针虫；撒毒饵：用麦麸或饼粉5kg，炒香后加入适量水和50%辛硫磷乳油拌匀后于傍晚撒在田间，每667m² 2～3kg，对蝼蛄的防治效果可达90%以上。

④灌根可用50%辛硫磷乳油1 000～1 500倍液灌根。从16：00开始灌在麦苗根部，杀虫率达90%以上，兼治蛴螬和金针虫。

二、麦蜘蛛

1. 为害症状

小麦红蜘蛛主要有麦圆蜘蛛和麦长腿蜘蛛，全国各麦区均有发生，北方以麦长腿蜘蛛为主，南方以麦圆蜘蛛为主。麦圆蜘蛛以为害小麦为主，主要分布在地势低洼、地下水位高、土壤黏重、植株过密的麦田。麦长腿蜘蛛主要发生在地势高燥的干旱麦田。麦蜘蛛在冬前或春季以成、若虫刺吸叶片汁液，被害麦叶出现黄白小点，植株矮小，发育不良，重则干枯死亡。麦长腿蜘蛛每年发生3～4代，麦圆蜘蛛每年发生2～3代，两者都是以成若虫和卵在植株根际、杂草上或土缝中越冬，翌年2月中旬成虫开始活动，越冬卵孵化，3月中下旬至4月上旬虫口密度迅速增大，为害加重，5月中下旬，成虫数量急剧下降，以卵越夏。越夏卵10月上中旬陆续孵化，在小麦幼苗上繁殖为害，喜潮湿，多在早上8：00—9：00以前和16：00—17：00以后活动为害，12月以后若虫减少，越冬卵增多，以卵或成虫越冬。

若螨

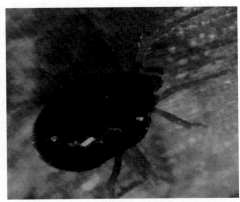

成螨

被害状

秸秆还田结合旋耕小麦红蜘蛛发生重　　　　秸秆还田结合深耕小麦红蜘蛛发生轻

2.防治方法

（1）农业防治。因地制宜采用轮作倒茬，麦收后浅耕灭茬能杀死大量虫体、可有效消灭越夏卵及成虫，减少虫源；合理灌溉灭虫，在红蜘蛛潜伏期灌水，可使虫体被泥水粘于地表而死。灌水前先扫动麦株，使红蜘蛛假死落地，随即放水，收效更好；加强田间管理，增强小麦自身抗病虫害能力。及时进行田间除草，以有效减轻其为害。

（2）药剂防治。当麦垄单行33cm有虫200头时防治。可选用红蜘蛛药剂为1.8%阿维菌素4 000~5 000倍液；或用15%哒螨灵乳油2 000~3 000倍液；或用20%扫螨净可湿性粉剂3 000~4 000倍液喷雾。

三、小麦吸浆虫

1.为害症状

小麦吸浆虫常见的有麦红吸浆虫、麦黄吸浆虫2种。黄淮流域以麦红吸浆虫为主，麦黄吸浆虫少有发生。该虫幼虫潜伏在颖壳内吸食正在灌浆的麦粒汁液为害，其生长势和穗型不受影响，由于麦粒被吸空、麦秆表现直立不倒，具有假旺盛的长势。受害麦粒变瘦，甚至成空壳，出现"千斤的长势，几百斤甚至几十斤产量"的残局。吸浆虫对小麦产量具有毁灭性，一般可造成10%～30%的减产，严重的达70%以上，甚至绝收。麦红吸浆虫在每年发生1代，但幼虫有多年休眠习性，因此，也有多年1代的可能。以幼虫在土中结圆茧越夏越冬，越冬幼虫3—4月化蛹，4月下旬成虫羽化，产卵于未杨花的颖壳内，幼虫吸食正在灌浆的麦粒汁液，5月下旬入土越夏。

小麦吸浆虫成虫　　　　　　　　　小麦吸浆虫幼虫

小麦吸浆虫为害状　　　　　　　受害籽粒及小麦成熟症状

2. 防治方法

（1）农业防治。施足基肥，春季少施化肥，使小麦生长发育整齐健壮。

（2）药剂防治。

防控小麦吸浆虫有两个最佳防治时期，一是小麦孕穗期，吸浆虫的幼虫破茧出土，陆续化蛹，此期为吸浆虫防治的第一个关键期，可以用辛硫磷颗粒剂600～900g，配湿润细土20～30kg，均匀撒施于土表，施药后及时浇水，以确保药效。二是小麦抽穗期，可用4.5%高效氯氰菊酯1 000～1 500倍液，20%吡虫啉可湿性粉剂1 500倍液，或用2.5%高效氯氟氰菊酯1 500～2 000倍液喷雾防治。为确保防治效果，可连喷两次药，小麦抽穗10%～20%时喷第一次药，小麦抽穗60%～70%时，喷第二遍药，可结合"一喷三防"配合杀虫剂、杀菌剂、叶面肥，兼治小麦条锈病、赤霉病、白粉病、蚜虫等，达到防虫、防病、防早衰的作用。

四、小麦黏虫

1. 为害症状

小麦黏虫属鳞翅目，夜蛾科。我国除新疆维吾尔自治区未见报道外，遍布各地。主要为害麦类、稻、粟、玉米等禾谷类粮食作物及棉花、豆类、蔬菜等多种植物。以幼虫啃食麦叶而影响小麦产量，大发生时可将作物叶片全部食光，造成严重损失。具群聚性、迁飞性、杂食性、暴食性，成为主要农业害虫之一。成虫体长15～17mm，老熟幼虫体长38mm左右，以幼虫啃食麦叶而影响小麦产量。幼虫体色由淡绿至浓黑，常因食料和环境不同而有变化甚大；在大发生时背面常呈黑色，腹面淡污色，背中线白色，亚背线与气门上线之间稍带蓝色，气门线与气门下线之间粉红色至灰白色。每年发生世代数各地不一，东北、内蒙古2～3代，华北中南部3～4代，黄淮流域4～5代，长江流域5～6代，华南6～8代。第一代幼虫多发生在4—5月，主要为害小麦。

2. 防治方法

诱杀成虫。

①利用成虫多在禾谷类作物叶上产卵习性，自成虫开始产卵起至产卵盛期末止，在麦田插谷草把或稻草把，每667m²地插10把，把顶应高出麦株15cm左右，每5d更换新草把，把换下的草把集中烧毁。

②生物诱杀成虫，利用成虫交配产卵前需要采食以补充能量的生物习性，采用具有其成虫喜欢气味（如性引诱剂等）配比出来的诱饵，配合少量杀虫剂进行诱杀成虫。可以减少90%以上的化学农药使用量，大量诱杀成虫能大大减少落卵量及幼虫为害。只需80～100m喷洒一行，大幅减少人工成本，同时，减少化学农药对食品以及环境的影响。此外，也可用糖醋盆、黑光灯等诱杀成虫，都能有效降低虫口密度，减少虫卵基数。

①药剂防治根据实际调查及预测预报，掌握在幼虫3龄前及时喷撒5%氟啶脲乳油4 000倍，或用20%灭幼脲1号悬浮剂500～1 000倍，或用25%灭幼脲3号悬浮剂500～1 000倍，或用茴蒿素杀虫剂500倍，或用2.5%高效氯氟氰菊酯乳油1 500～2 000倍，或用4%高氯·甲维盐1 000～1 500倍。

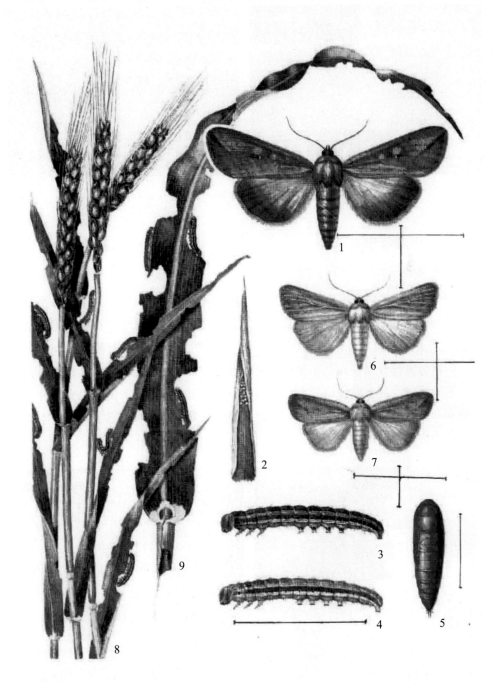

成虫（1），卵（2），幼虫（3、4），蛹（5），雌雄成虫（6、7），被害状（8、9）

大田为害状

五、小麦蚜虫

1. 为害症状

小麦蚜虫又名腻虫，是小麦生产中的主要害虫，以成虫、若虫刺吸麦株茎、叶和嫩穗的汁液为害小麦（直接为害），再加上蚜虫排出的蜜露，落在麦叶片上，严重地影响光合作用（间接为害）。前期为害可造成麦苗发黄，影响生长，后期被害部分出现黄色小斑点，麦叶逐渐发黄，麦粒不饱满，严重时麦穗枯白，不能结实，甚至整株枯死，严重影响小麦产量。为害小麦的蚜虫有多种，主要的有：麦二叉蚜、麦长管蚜、禾缢管蚜等，以麦长管蚜和麦禾缢管蚜发生数量最多，为害最重。

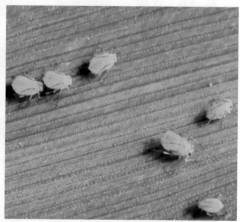

小麦麦蚜

麦蚜为害状

2. 防治方法

（1）农业防治。主要采用合理布局作物，冬、春麦混种区尽量使其单一化，秋季作物尽可能为玉米和谷子等；选择一些抗虫耐病的小麦品种，造成不良的食物条件，抑制或减轻蚜虫发生；冬麦适当晚播，实行冬灌，早春耙磨镇压，减少前期虫源基数。

（2）药剂防治。主要防治穗期蚜虫，抽穗后当蚜株率超过30%，百株蚜量超过1 000头，瓢蚜比小于1∶150就要及时防治。每667m²用4.5%高效氯氰菊酯乳油30~60mL，20%吡虫啉可湿性粉剂15~20g，50%抗蚜威可湿性粉剂10~15g，上述农药中任选一种，对水30kg喷雾。在上午露水干后或16∶00以后均匀喷雾，防治效果均较好，如发生较严重，还可用吡蚜酮、氟啶虫胺腈、啶虫脒等防治。

六、麦叶蜂

1. 为害症状

麦叶蜂有小麦叶蜂、黄麦叶蜂和大麦叶蜂等3种。麦叶蜂幼虫为害小麦叶片，从叶边缘向内咬成缺刻，重者可将叶片吃光。在北方一年发生1代，4月上旬至5月初是幼虫为害盛期，幼虫有假死性，1~2龄期为害叶片，3龄后怕光，白天伏在麦丛中，傍晚后为害，4龄幼虫食量增大，虫口密度大时，可将麦叶吃光，5月上中旬老熟幼虫入土作土茧越夏休眠到10月间化蛹越冬。幼虫喜欢潮湿环境，土壤潮湿，麦田湿度大，通风透光差，有利于它的发生。

麦叶蜂成虫症状

麦叶蜂幼虫为害症状

2. 防治方法

（1）农业防治。在种麦前深翻耕，可把土中休眠的幼虫翻出，使其不能正常化蛹，以致死亡；有条件地区实行水旱轮作，进行合理倒茬，可降低虫口密度，减轻该虫为害；利用麦叶蜂幼虫的假死习性，傍晚时进行捕打灌水淹没。

（2）药剂防治。防治标准是每平方米有虫30头以上需要用药剂防治。可用40%辛硫磷乳油1 500倍液喷雾，或用4.5%高效氯氰菊酯2 000 ~ 3 000倍稀释液，或用20%吡虫啉可湿性粉剂3 000 ~ 4 000倍液，每667m²喷稀释药液50 ~ 60kg。

第三章
玉米病虫害

第一节　玉米病害

一、玉米大斑病

1. 症状与为害

玉米大斑病是叶部主要病害之一，玉米全生育期均可发生，但以拔节期——灌浆中期发生为主，在东北、华北、西北和南方山区的冷凉地区发病较重的真菌性病害。该菌主要为害叶片，严重时也可为害叶鞘、苞叶和子粒。一般从下部叶片开始发病，逐渐向上扩展。苗期很少发病，拔节期后开始，抽雄后发病加重。发病部位最先出现水渍状小斑点，然后沿叶脉迅速扩大，形成黄褐色梭形大斑，病斑中间颜色较浅，边缘较深，一般长5～20cm，宽1～3cm，严重发病时，多个病斑连片，导致叶片枯死，枯死部位腐烂，雌穗倒挂，籽粒干秕（瘪）。大斑病为混合传播型、重复侵染性病菌。

玉米大斑病初侵染病斑

玉米大斑病成熟病斑

玉米大斑病大田症状

2. 防治方法

（1）农业防治。以推广利用抗病品种，加强田间肥水管理，合理密植为主，选择抗病耐病品种；及时消除田间残茬、病株，及早焚烧或深埋，降低越冬病源基数，减少翌年该病害发生的初侵染源；加强田间管理，培育壮苗，提高植株抗病能力；合理密植，增施有机肥，合理浇水和雨后积水排除，及时中耕除草，创造不利于病害发生的环境条件。

（2）种子处理。烯唑醇、福美双拌种或包衣。

（3）药剂防治。在玉米拔节至抽穗期，每亩喷施18.7%丙环·嘧菌脂（先正达扬彩）70mL或17%唑醚·氟环唑或28%嘧菌·丙环唑或32%戊唑·嘧菌酯或丙环唑+嘧菌酯或丁香菌酯·戊唑醇+嘧菌酯或丙环唑+醚菌酯，可防治玉米大斑病，同时，兼治玉米茎基腐病；也可每亩喷施25%吡唑醚菌酯，在防治玉米大斑病的同时，还有植物健康作用。由于普通喷雾器械无法进地，必须要选用高杆喷雾机或无人机喷药。每5～7d喷药剂防治，连喷2～3次，可有效控制小斑病害的蔓延与发生。

二、玉米小斑病

1. 症状与为害

玉米小斑病是世界范围内普遍发生的一种叶部病害，从幼苗期到成株期均可发病而造成损失，以抽雄期、灌浆期发病重，随后发病逐渐降低。该病是真菌性病害，病菌主要为害叶片，病斑主要集中发生在叶片上，发病初期呈水渍状小斑点，后变为黄褐色或红褐色梭形小斑，病斑中间颜色较浅，边缘颜色较深。病斑呈椭圆形、近圆形或长圆形，大小一般长1～1.5cm，宽0.3～0.4cm，有时病斑可见2～3个同心轮纹。小斑病一般从下部叶片开始发病，逐渐向上扩展蔓延。发病严重时，多个病斑连片，叶片枯死部位干枯，影响叶片光合效率，容易造成养分不足籽粒干瘪。该病以温度较高、湿度较大的7—8月和丘陵山区发病较多，一般夏播玉米比春播玉米发病重，水肥地玉米比旱肥地发病重，种植密度大比种植密度小的地块发病重。

玉米小斑病长形病斑

玉米小斑病梭形病斑

玉米小斑病病叶   玉米小斑病病株

2. 防治方法

（1）农业防治。选择抗病、耐病品种。加强田间管理，消除越冬病源，做好秸秆还田、病株病叶残体焚烧或深埋，减少病原菌降低初浸染病源；田间管理上要合理密植，增施有机肥，合理浇、排水，及时中耕除草，促使玉米生长健壮，提高抗病力。

（2）做好种子处理。用烯唑醇、福美双包衣剂包衣种子，或者用多菌灵、辛硫磷、三唑酮、代森锰锌按种子量的0.4%拌种；

（3）药剂防治。当发现叶片上有病斑时，采用药剂进行防治，防治药剂同玉米大斑病。

三、玉米灰斑病

1.症状与为害

玉米灰斑病是真菌性病害，又称尾孢叶斑病、玉米霉斑病，除侵染玉米外，还可侵染高粱、香茅、须芒草等多种禾本科植物。玉米灰斑病是近年上升很快、为害较严重的病害之一。主要为害叶片，初在叶面上形成无明显边缘的椭圆形至矩圆形灰色至浅褐色病斑，后期变为褐色。病斑多限于平行叶脉之间，大小（4～20）mm×（2～5）mm。湿度大时，病斑背面生出灰色霉状物，即病菌分生孢子梗和分生孢子。

玉米灰斑病初侵染病斑

玉米灰斑病成熟病斑

玉米灰斑病后期病叶   玉米灰斑病病株

2. 防治方法

（1）农业防治。收获后及时清除病残体，减少病菌源数量；选用抗病、耐病品种，进行大面积轮作、间作；加强田间管理，雨后及时排水，防止地表积水滞留湿度过大。

（2）药剂防治。应该抓住大喇叭口期或发病初期，及时进行药剂防治。在药剂选择上，要选用内吸性强的杀菌剂拌沙后灌心或喷雾防治。效果较好的药剂有：25%苯醚甲环唑乳油、25%丙环唑乳油、25%嘧菌酯悬浮剂、40%氟硅唑乳油等，对水45～50kg喷雾防治。间隔期10d，连续防治2～3次。此外，常规杀菌剂可选用的有：50%多菌灵可湿性粉剂500倍液、75%百菌清可湿性粉剂500倍液等，喷雾防治均有一定的效果。

四、玉米弯孢菌叶斑病

1. 症状与为害

玉米弯孢菌叶斑病在我国黄淮海、华北和东北玉米区普遍发生的真菌性病害，其为害程度有超过大斑病和小斑病的趋势。该病初生褪绿小斑点，逐渐扩展为圆形至椭圆形褪绿透明斑，中间枯白色至黄褐色，边缘暗褐色，四周有浅黄色晕圈，大小（0.5～4）mm×（0.5～2）mm，大的可达7mm×3mm。湿度大时，病斑正背两面均可见灰色分生孢子梗和分生孢子。该病症状变异较大，在有些自交系和杂交种上只生一些白色或褐色小斑点。主要为害叶片、叶鞘、苞叶。病菌在病残体上越冬，翌年7—8月高温高湿或多雨的季节利于该病发生和流行。该病属高温高湿型病害，发生轻重与降雨多少、时空分布、温度高低、播种早晚、施肥水平关系密切。

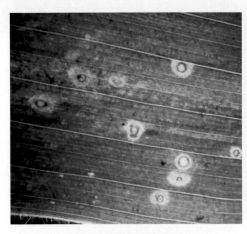
玉米弯孢菌叶斑病病斑

玉米弯孢菌叶斑病病叶

玉米弯孢菌叶斑病感病类型

玉米弯孢菌叶斑病抗病类型

2. 防治方法

（1）农业防治。感病植株病残体上的病菌在干燥条件下可安全越冬，在翌年玉米生长前期形成初侵染菌源，采取轮作换茬和清除田间病残体是有效防治和减少发病的基本措施之一；选用抗病、耐病品种。

（2）药剂防治。在发病初期，田间发病率10%时喷药防治，有效药剂有50%速克灵可湿性粉剂2 000倍液、或用40%氟硅唑乳油5 000倍液或75%百菌清可湿性粉剂600倍液，或用25%丙环唑乳油2 000倍液等58%代森锰锌可湿性粉剂1 000倍液。施药方法应掌握在玉米大喇叭口期灌心，效果较喷雾法好，且容易操作。气候条件适宜发病时1周后防治第二遍，连续防治2~3次效果更佳。喷雾防治。

五、玉米锈病

1. 症状与为害

玉米锈病从幼苗期到成株期均可发病而造成较大的损失，以抽雄期、灌浆期发病重，随后发病逐渐降低。该病是真菌性病害，病菌主要侵染叶片、叶鞘，病斑为害主要发生在叶片、叶鞘上，严重时也可侵染果穗、苞叶乃至雄花。夏孢子堆黄褐色。初期仅在叶片两面散生浅黄色长形至卵形褐色小脓疱，后小疱破裂，散出铁锈色粉状物，即病菌夏孢子；后期病斑上生出黑色近圆形或长圆形突起，开裂后露出黑褐色冬孢子。菌源来自病残体或来自南方的夏孢子及转主寄主—酢浆草，成为该病初侵染源。田间叶片染病后，病部产生的夏孢子借气流传播，进行再侵染，蔓延扩展。生产上早熟品种易发病。高温多湿或连阴雨、偏施重施氮肥地块发病重。

玉米锈病初侵染病斑

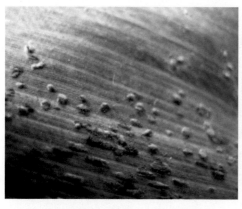 

玉米锈病成熟侵染病斑（叶片正面）　　玉米锈病成熟侵染病斑（叶片反面）

玉米锈病症状   玉米锈病成熟期症状

2. 防治方法

（1）农业防治。选用抗病、耐病优良品种；施用酵素菌沤制的堆肥、充分腐熟的有机肥，采用配方施肥，增施磷钾肥，避免偏施、过施氮肥，以提高植株的抗病性力；加强田间管理，清除酢浆草和病残体，集中深埋或烧毁，以减少该病菌侵染源。

（2）药剂防治。在发病初期及时喷洒40%多·硫悬浮剂600倍液、25%三唑酮可湿性粉剂1 000～1 500倍液、25%丙环唑乳油3 000倍液、12.5%烯唑醇可湿性粉剂4 000～5 000倍液，50%多菌灵可湿性粉剂500～1 000倍液，或用430g/L戊唑醇悬浮剂10g/667m^2，隔10d左右叶面喷洒1次，连续防治2～3次效果更佳。

六、玉米褐斑病

1. 症状与为害

玉米褐斑病一般从下部叶片开始发病，逐渐向上扩展蔓延。从幼苗期到成株期均可发病而造成较大的损失，以抽雄期、灌浆期发病重，随后发病逐渐降低。该病是真菌性病害，病菌主要为害叶片、叶鞘，病斑主要集中在叶片或叶鞘上，病斑初期呈水渍状小斑点，后变为黄褐色或红褐色棱形小斑，病斑中间颜色较浅，边缘色较深。病斑椭圆形、近圆形或长圆形，大小一般长1～1.5cm，宽0.3～0.4cm，有时病斑可见2～3个同心轮纹。发病严重时，多个病斑连片，叶片枯死部位干枯，影响叶片光合效率，容易造成养分不足籽粒干瘪。

 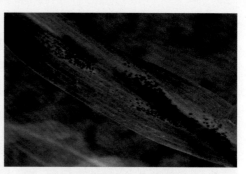

玉米褐斑病发病初期症状　　　　　　　玉米褐斑病发病后期症状

玉米褐斑病叶片背面症状　　　　　　　玉米褐斑病大田症状

2. 防治方法

（1）农业防治。清洁田间病株残体，在玉米收获后彻底清除病残体组织，重病地块不宜进行秸秆直接还田，如需还田应充分粉碎，并深翻土壤；增施磷钾肥料，施足底肥，适时追肥，施用充分腐熟的有机肥，注意氮、磷、钾肥搭配；田间发现病株，应立即治疗补救或拔除；选用抗病、耐病品种。

（2）药剂防治。在玉米4～5片叶期或发病初期，用15%的三唑酮可湿性粉剂1 000倍液喷雾，或用12.5%烯唑醇可湿性粉剂1 000倍液。为了提高植株抗性，可结合喷药，在药液中适当加些叶面宝、磷酸二氢钾、尿素等，一般间隔10～15d，交替用药再喷1次，连喷2～3次效果更佳。

七、玉米粗缩病

1. 症状与为害

玉米粗缩病由灰飞虱传播的病毒病，灰飞虱传毒是持久性的，卵可以带毒。带毒灰飞虱的若虫和成虫在麦田及田埂、地边杂草下越冬，成为翌年年初侵染源。该病主要为害幼苗，多在玉米6~7叶出现症状，感病植株叶色浓绿，叶片宽、短、硬、脆、密集和丛生，在心叶基部及中脉两侧最初产生透明小亮点，以后亮点变为虚线状条纹，在叶背面沿叶脉产生微小的密集的蜡白色突起，用手触摸有明显的粗糙感觉。植株生长缓慢，矮化、矮小，仅为健株的1/3~1/2。有时在苞叶上也有小条点，病株根系少而短，易从土中拔出。发病严重时，植株雌雄穗不能发育抽出。

玉米粗缩病苗期症状

玉米粗缩病成株期症状

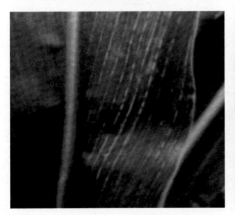
玉米粗缩病叶片背面症状

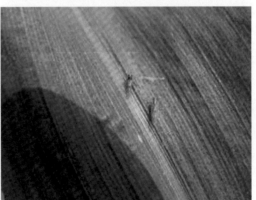
灰飞虱

2. 防治方法

（1）农业防治。选种抗、耐病品种；播期调节，麦田套种玉米此病发生相对较重，麦收后复种的感病相对较轻；灭茬及麦秸还田细碎发病较轻，不灭茬及麦秸还田粗放地块发病较重；在玉米播种前和收获后清除田边、沟边杂草，减少病源虫源；结合间苗定苗，及时拔除病株，以减少病株和毒源，严重发病地块及早改种。

（2）药剂防治。用内吸性杀虫剂拌种或包衣种子，利用噻虫嗪或噻·戊种衣剂包衣种子或拌种。在发病前进行药剂防治，每667m²用10%吡虫啉10g对水30kg喷雾防治；灰飞虱若虫盛期可667m²用25%噻虫嗪可湿性粉剂30～50g，或用25%吡蚜酮可湿性粉剂20～30g对水30kg喷雾防治，同时，注意田头地边、沟边、坟头的杂草上喷药防治。

八、玉米丝黑穗病

1. 症状与为害

玉米丝黑穗病是幼苗侵染和系统侵染的病害。苗期植株矮化、节间缩短、植株弯曲、叶片密集、叶色浓绿并有黄白条纹，到抽雄或出穗后甚至到灌浆后期才表现出明显病症。病株的雄穗、雌穗均可感染，严重的雄穗全部或部分小花受害，花器变形，颖片增长成叶片状，不能形成雄蕊，小花基部膨大形成菌瘿，呈灰褐色，破裂后散出大量黑粉孢子，病重的整个花序被破坏变成黑穗。果穗感病后外观短粗，无花丝，苞叶叶舌长而肥大，大多数苞叶外全部果穗被破坏变成菌瘿，成熟时苞叶开裂散出黑粉（即病菌的冬孢子），内混有许多丝状物即残留的微管束组织，故名丝黑穗病。发病严重时，病株丛生，果穗畸形，不结实，病穗黑粉甚少。多见的是雄花和果穗都表现黑穗症状，少数病株只有果穗成黑穗而雄花正常，雄花成黑穗而果穗正常的极少见到。

植株矮化

节间缩短

叶色浓绿

黄白条纹

植株弯曲

雄穗畸形

雌穗畸形

雄穗黑粉状　　　　　　　　　　　　　　雌穗黑粉状

2.防治方法

（1）农业防治。选用抗病、耐病品种；在玉米播种前和收获后及时清除田边、沟边残病株；避免连作，合理轮作，减少病源菌；结合间苗定苗，及时拔除病株，摘除感病菌囊、菌瘤深埋，以减少病源菌传播概率；施用充分腐熟的玉米秸秆有机厩肥、堆肥，预防病菌随粪肥传入田内；加强栽培管理促早出苗、健壮生长，提高自身抗病能力。

（2）种子处理。播种前药剂处理杀菌，目前，可采对玉米丝黑穗病具有防治效果的种衣剂或杀菌剂进行拌种防治。市场上防治玉米丝黑穗病的种衣剂主要含有戊唑醇、苯醚甲环唑、烯唑醇、三唑醇、三唑酮等成分，但是以含戊唑醇的种衣剂的防治效果、安全性最好，可以将其作为防治丝黑穗病的杀菌剂拌种防治。

（3）药剂防治。前期可结合其他病虫害防治、喷施化控药物等时，加入50%多菌灵可湿性粉剂50~75g/667m^2，或者用三唑酮类杀菌剂乳油15~20mL/667m^2，或者加入代森锌、代森锰锌杀菌剂配制成600倍液预防。在该病害初发期用药防治，间隔7~10d，连续用药2~3次效果更佳。

九、玉米瘤黑粉病

1.症状与为害

玉米瘤黑粉病为玉米比较普遍的一种病害，为局部侵染病害，植株地上幼嫩组织和器官均可感染发病，病部的典型特点是会产生肿瘤。开始初发病瘤呈银白色，表面组织细嫩有光泽，并迅速膨大，常能冲破苞叶而外露，表面逐渐变暗，略带浅紫红色，内部则变成灰色至黑色，失水后当外膜破裂时，散出大量黑粉孢子，雌穗发病可部分或全部变成较大的肿瘤，叶上、茎秆上发病则形成密集成串小肿瘤。发病严重时，影响植株代谢和养分积累，容易造成养分消耗过多而使籽粒干瘪。影响严重的可减产15%以上。

病叶   病叶鞘

病茎

病雄穗

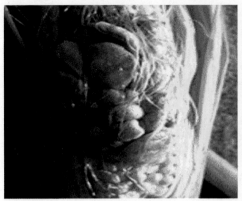

病雌穗

空秆

多穗

车鞭状

大田症状

2. 防治方法

（1）农业防治。选种抗病、耐病品种；秸秆还田用作肥料时要充分腐熟，该病害严重的地区或地块，秸秆不宜直接还田；田间遗留的病残组织应及时深埋，减少或消灭病菌侵染源；加强田管理，及时灌水，合理追肥，合理密植，增加光照，增强玉米抗病能力。

（2）种子处理。做好种子处理，采用药剂同玉米丝黑穗病。

（3）药剂防治。在拔节期、喇叭口期结合防治害虫喷施三唑类杀菌剂防治瘤黑粉病，或用50%多菌灵可湿性粉剂600倍液，或用代森锰锌、井冈霉素等杀菌剂500~800倍液预防，每667m^2需要稀释药液30~60kg，也可在初发期喷药防治，见下表。

表　丝黑穗病与瘤黑粉病的区别

区别	丝黑穗病	瘤黑粉病
传播	厚垣孢子土传病害	担孢子气传病害
侵染	侵染芽鞘，系统发展	整个生长期，局部侵染
发病部位	主要在雌雄穗	各个器官的幼嫩组织
其他特点	果穗不产生黑瘤，孢子堆内残存有丝状的寄主维管束组织	病部产生黑瘤，瘤内无丝状物
发生区域	冷凉地区	各地均可发生

十、玉米青枯病

玉米青枯病有真菌性茎腐病、茎基腐病和细菌性茎腐病。

1. 症状与为害

真菌性茎腐病、茎基腐病属于土传病害，我国各地均有发生，一般在玉米中后期发病，常见的在玉米灌浆期开始发病，乳熟末期到蜡熟期为高峰期，属一种爆发性、毁灭性病害，特别是在多雨寡照、高湿高温气候条件下容易流行，严重者减产50%左右，发病早的甚至导致绝收。

真菌性茎腐病一般在玉米灌浆期开始发病，感病植株常表现出突然的青枯萎蔫，整株叶片呈水烫状干枯褐色。果穗下垂，苞叶枯死。茎基部初为水渍状，后逐渐变为淡褐色，茎心干枯萎缩手握有空心感，易倒伏。病菌主要为害茎秆输导组织，导致叶片因缺乏水分而病变，叶片丧失光合作用造成养分不足籽粒干瘪。

茎基部症状（初期）　　　　　　　　　　茎基部症状（后期）

茎部症状（初期）　　　　　　　　　　　茎部症状（后期）

髓部症状　　　　　　　　　　　　　　　青枯病症状

病根

大田病株与健株症状

　　玉米细菌性茎腐病的典型症状是在玉米中部的叶鞘和茎秆上发生水浸状腐烂，引起组织软化，并有腥臭味。一般在玉米大喇叭口期开始发病。首先植株中下部的叶鞘和茎秆上出现不规则的水浸状病斑，病菌在浸染茎秆和心叶的过程中，造成生长点组织坏死、腐烂，并散发出腥臭味。病株容易从病部折断，不能抽穗或结实，一般发病率即相当于损失率。降雨有利于发病，特别是连续干旱后突降暴雨或暴雨后骤晴，田间湿度大，病菌侵茎率高；害虫发生严重、地势低洼等也是造成病害发生的重要原因。

苗期症状

茎部症状

2. 防治方法

　　（1）农业防治。选用抗病、耐病品种。发病初期及时消除病株残体，并集中烧毁；收获后深翻土壤，也可减少和控制侵染源。玉米生长后期结合中耕、培土，增强根系吸收能力和通透性，雨后及时排出田间积水。合理施用硫酸锌、硫酸钾、氯化钾，可降低玉米细菌性茎腐病发病率。

髓部症状   大田症状

（2）种子处理。用种衣剂包衣，建议选用咯菌·精甲霜悬浮种衣剂包衣种子，能有效杀死种子表面及播种后种子附近土壤中的病菌。

（3）药剂防治。一是防治害虫，减少伤口；二是喷药防治。发现田间零星病株可用甲霜灵400倍液或多菌灵500倍液灌根，每株灌药液500mL。在玉米细菌性茎腐病发病初期用77%可杀得可湿性粉剂600倍液或农用链霉素4 000～5 000倍液喷雾，或每667m²用50%氯溴异氰尿酸可湿性粉剂50～60g对水喷雾，7～10d再喷1次。

十一、玉米顶腐病

1.症状与为害

玉米顶腐病可分为真菌性镰刀菌顶腐病、细菌性顶腐病两种情况。成株期病株多矮小，但也有矮化不明显的，主要症状：①叶缘缺刻型，感病叶片的基部或边缘出现缺刻，叶缘和顶部褪绿呈黄亮色，严重时叶片的半边或者全叶脱落，只留下叶片中脉以及中脉上残留的少量叶肉组织。②叶片枯死型，叶片基部边缘褐色腐烂，有时呈"撕裂状"或"断叶状"，严重时顶部4～5叶的叶尖或全叶枯死。③扭曲卷裹型，顶部叶片卷裹成直立"长鞭状"，有的在形成鞭状时被其他叶片包裹不能伸展形成"弓状"，有的顶部几个叶片扭曲缠结不能伸展常呈"撕裂状""皱缩状"。④叶鞘、茎秆腐烂型，穗位节的叶片基部变褐色腐烂的病株，常常在叶鞘和茎秆髓部也出现腐烂，叶鞘内侧和紧靠的茎秆皮层呈"铁锈色"腐烂，剖开茎部，可见内部维管束和茎节出现褐色病点或短条状变色，有的出现空洞，内生白色或粉红色霉状物，刮风时容易折倒。⑤弯头型，穗位节叶基和茎部感病发黄，叶鞘茎秆组织软化，植株顶端向一侧倾斜。⑥顶叶丛生型，有的品种感病后顶端叶片丛生、直立。⑦败育型或空秆型，感病轻的植株可抽穗结实，但果穗小、结籽少；严重的雌、雄穗败育、畸形而不能抽穗，或形成空秆，该病是在多雨、高湿条件下发生，病株的根系通常不发达，主根短小，根毛细而多，呈绒状，根冠变褐腐烂。高湿的条件下，病部出现粉白色至粉红色霉状物。病源菌在土壤，病残体和带菌种子中越冬，成为翌年发病的初侵染菌源。种子带菌还可远距离传播，使发病区域不断扩大。顶腐病具有某些系统侵染的特征，病株产生的病源菌分生孢子还可以随风雨传播，进行再侵染。虫害尤其是蓟马、蚜虫、飞虱等的为害会加重病害发生。

叶缘缺刻型 叶片枯死型

2. 防治方法

（1）农业防治。秸秆还田后深耕土壤，及时清除病株残体，减少病原菌数量；选用抗病耐病品种，合理轮作、间作，能有效减少该病发生；培肥土壤，适量追氮肥，尤其对发病较重地块更要及早追施，叶面喷施营养剂，补充营养元素，促苗早发、健壮，提高抗病能力。

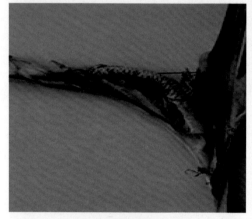

扭曲卷裹型

叶鞘、茎秆腐烂型

败育型或空秆型

顶叶撕裂状

大田症状

（2）适时化除消灭杂草，减少蓟马、蚜虫、飞虱等传毒害虫，为玉米苗健壮生长提供良好的环境，以增强抗病能力。

（3）药剂防治。做到早发现、早用药。发病初期可用58%甲霜灵·锰锌可湿性粉剂600倍液，或用70%甲基硫菌灵可湿性粉剂700倍液，或用50%多菌灵可湿性粉剂500倍液，加72%农用链霉素水溶剂2 500倍液，混合喷雾防治。施药重点要对准病株心叶，发病株应适当增加药液量，根据发病情况防治1～2次。对于粘连在一起的叶片，应抓紧用刀尖或锥子挑开粘连的叶片，促进顶端生长和雄穗正常发育。挑开的叶片在通风和日晒条件下，发病组织会很快干枯，可有效控制病害的发展。当发病较晚，植株已抽穗，田间喷药困难，此时不提倡再采用喷药的控制措施。

附：玉米疯顶病

玉米疯顶病，会导致玉米不能产生雄花而无法传粉。若在苗期和受粉期可以采用58%甲霜灵·锰锌可湿性粉剂300倍，加50%多菌灵可湿性粉剂500倍，或用75%百菌清可湿性粉剂500倍，或用12.5%烯唑醇可湿性粉剂1 500倍（该药应避免在苗期和开花授粉期使用）等杀菌剂混合用药，喷施2次。若很严重，可以把发病的雄蕊上方叶片剪除，深埋防止传染健康植株。

玉米疯顶病症状

第二节　玉米虫害

一、二点委夜蛾

1. 为害症状

二点委夜蛾属鳞翅目夜蛾科，近几年麦秸大量滞留田间，为二点委夜蛾的发生为害提供有利条件，逐年加重发生。玉米苗期形成枯心苗，严重时直接蛀断，整株死亡；拔节期造成玉米植株倾斜或侧倒，减产严重。成虫体长10～12mm，灰褐色，前翅黑灰色，上有白点、黑点各1个。后翅银灰色，有光泽。老熟幼虫体长14～18mm，最长达20mm，黄黑色到黑褐色；头部褐色，额深褐色，额侧片黄色，额侧缝黄褐色；腹部背面有两条褐色背侧线，到胸节消失，各体节背面前缘具有一个倒三角形的深褐色斑纹；气门黑色，气门上线黑褐色，气门下线白色；体表光滑。有假死性，受惊后蜷缩成"C"字形。幼虫主要从玉米幼苗茎基部钻蛀到茎心后向上取食，形成圆形或椭圆形孔洞，钻蛀较深切断生长点时，心叶失水萎蔫，形成枯心苗；严重时直接蛀断，整株死亡；或取食玉米气生根系，造成玉米植株倾斜或侧倒。

成虫

直接蛀断　　　　　　　　　　整株死亡

圆形或椭圆形孔洞

2. 防治方法

（1）农业防治。

①麦收后播前使用灭茬机或浅旋耕灭茬后再播种玉米，即可有效减轻二点委夜蛾为害，也可提高玉米的播种质量，苗齐苗壮。

②及时人工除草和化学除草，清除麦茬和麦秆残留物，减少害虫滋生环境条件；提高播种质量，培育壮苗，提高抗病虫能力。

植株倾斜侧倒　　　　　　　　　　　　　　　　枯心苗

（2）化学防治幼虫3龄前防治，最佳时期为出苗前（播种前后均可）。

①撒毒饵：每667m²用4～5kg炒香的麦麸或粉碎后炒香的棉籽饼，与对少量水的90%晶体敌百虫，或用48%毒死蜱乳油500g拌成毒饵，在傍晚顺垄撒在玉米苗边。

②撒毒土：每667m²用80%敌敌畏乳油300～500mL拌25kg细土，早晨顺垄撒在玉米苗边，防效较好。

③灌药：随水灌药，用48%毒死蜱乳油1kg/667m²，在浇地时灌入田中。喷灌玉米苗，可以将喷头拧下，逐株顺茎滴药液，或用直喷头喷根茎部，药剂可选用48%毒死蜱乳油1 500倍液、2.5%高效氯氟氰菊酯乳油2 500倍液或4.5%高效氯氰菊酯1 000倍液等。药液量要大，保证渗到玉米根围30cm左右的害虫藏匿的地方。还可使用氯虫苯甲酰胺、菊酯类、甲维盐、茚虫威等。

二、蚜虫、蓟马、灰飞虱、叶蝉

1. 为害症状

蚜虫、蓟马、灰飞虱、叶蝉等害虫以刺吸口器刺入玉米组织器官内，吸食玉米汁液，不但为害表皮细胞，影响玉米体内养分流失，增加植株正常代谢，容易导致茎叶折断，输导循环受阻，造成玉米营养供应不足或授粉灌浆不良，致使玉米减产降质。而且还传播病毒、病菌，导致其他病害发生如矮花叶病、粗缩病等。

玉米蚜虫为害症状

蓟马

蓟马为害症状

飞虱及为害状

叶蝉及为害状

2. 防治方法

（1）农业防治。推广利用抗虫品种；铲除田间及地边杂草，减少蚜虫、叶蝉、飞虱滋生条件，降低繁殖、侵害及传播概率。及时中耕，改善田间通风透光条件，诱杀成虫，减少幼虫成虫基数。

（2）生物防治。主要利用防除害虫的天敌，针对性以虫治虫，如利用七星瓢虫、蚜茧蜂等消灭、抑制蚜虫。

（3）药剂防治。当每株玉米平均蚜量50头以上时，可选用50%抗蚜威可湿性粉剂、10%三氟氯氰菊酯2 000倍液、20%氰戊菊酯2 500倍液等农药喷洒防治。也可用10%吡虫啉可湿性粉剂每667m^2 30g，或用25%噻虫嗪水分散剂4g，加水30～50kg；也可用10%高效氯氰菊酯乳油2 000倍液等喷雾。

三、黏虫、棉铃虫、甜菜夜蛾

1. 为害症状

玉米生长前期黏虫、棉铃虫、甜菜夜蛾等害虫以幼虫蚕食玉米叶片，或蛀入玉米主茎内，为害植株正常生长，可使玉米主茎折断，造成玉米营养供应不足，授粉不良，致使玉米减产降质。

成虫

低龄幼虫

老熟幼虫

为害症状

中期为害症状　　　　　　　　　　后期为害症状

黏虫

成虫　　　　　　　幼虫　　　　　　为害症状

棉铃虫

成虫　　　　　　　　　　　　幼虫

为害症状

甜菜夜蛾

2. 防治方法

（1）农业防治。推广利用抗虫品种；及时清除病残体，减少传播源。

（2）物理防治。利用成虫多在禾谷类作物叶上产卵习性，在田间插谷草把或稻草把，每667m²20把，每3～5d更换新草把，把换下的草把集中烧毁。也可用糖醋盆、黑光灯等诱杀成虫，压低虫口。利用成虫产卵前需补充营养，以诱捕方法把成虫消灭在产卵之前。用糖醋液诱杀，配方一般为白糖3份、酒1份、醋4份、水2份，调匀即可，夜晚诱杀。

（3）药剂防治。黏虫属于暴食性害虫，要在3龄期之前及时喷药防治，每667m²可用1.8%阿维菌素乳油30～40mL，或用40%毒死蜱乳油100mL，或用4.5%高效氯氰菊酯50mL，加水30～50kg均匀喷雾。早期还可以用20%灭幼脲3号悬浮剂30～40mL，加水30～50kg喷雾防治。

四、玉米螟、棉铃虫、桃蛀螟

1. 为害症状

玉米生长中后期玉米螟、棉铃虫、桃蛀螟等食穗害虫以幼虫蛀入玉米主茎或果穗内，使玉米主茎折断，造成玉米营养供应不足，授粉不良，致使玉米减产降质。

成虫

幼虫蛀茎症状

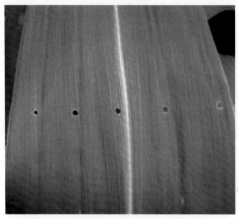

叶片初期为害症状

叶片后期为害症状

为害雄穗症状

为害雌穗症状

玉米螟

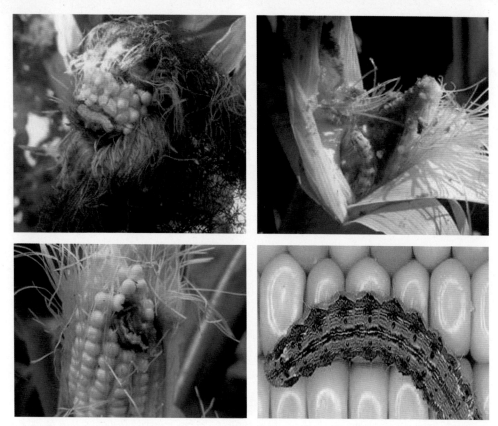

为害症状

棉铃虫

成虫

幼虫

为害症状

桃蛀螟

2. 防治方法

（1）农业防治。适时把越冬寄主作物的秸秆、根茬处理完毕，减少传播源；推广利用抗虫品种。

（2）物理防治。主要措施包括处理秸秆及时彻底，减少化蛹和羽化数量，降低产卵基数；利用成虫有较强的趋光性，利用或设置黑光灯、频振式杀虫灯等诱杀成虫。

（3）生物防治。利用赤眼蜂、白僵菌等生物防治，实现以虫治虫或以菌治虫目的，用生物药剂灌心叶，如BT颗粒剂：用150mL BT乳剂对适量水，然后与1.5～2kg细河砂混拌均匀，晾干后丢灌心叶；白僵菌颗粒剂：用每g含300亿孢子的白僵菌粉35g对细沙1.5kg，混拌均匀丢灌心叶。

（4）药剂防治。大喇叭口期用50%辛硫磷乳油1kg拌50～75kg细沙土制成颗粒剂或者毒土，投撒玉米心叶内杀虫。也可用毒死蜱·氯菊颗粒剂667m²用量350～500g，自制颗粒剂：毒死蜱乳油0.5kg药液拌25kg细沙制成颗粒，或用溴氰菊酯、氰戊菊酯配制颗粒剂玉米丢心；化学药剂喷雾防治：利用氯虫苯甲酰胺20%悬浮剂每667m² 10mL，或用40%福戈（氯虫苯甲酰胺和噻虫嗪复配剂）每667m² 8g；加30kg水在大喇叭口期至灌浆初期灌心或喷雾，对玉米螟等鳞翅目害虫效果很好，后者还可兼治蚜虫、叶蝉等刺吸式害虫。

五、玉米红蜘蛛

1. 为害症状

玉米红蜘蛛主要有截形叶螨、二斑叶螨、朱砂叶螨3种，多在玉米叶背吸食，为害玉米组织细胞，发病一般下部叶片先受害，逐渐向上蔓延。为害轻者叶片产生黄白斑点，以后呈赤色斑纹；为害重者出现失绿斑块，叶片卷缩，呈褐色，如同火烧一样干枯，叶片丧失光合作用，严重影响营养物质运输、生产制造，造成玉米籽粒产量和品质下降，千粒重降低。

玉米红蜘蛛症状

大田为害症状

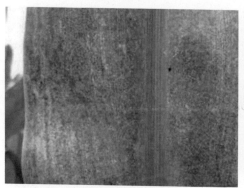
叶片正面为害症状

叶片反面为害症状

2. 防治方法

（1）农业防治。深翻土地，将部分螨虫翻入地下耕层内，螨虫基数减少，能有效减轻为害；及时清理田间、地内杂草，减少寄主和繁殖场所，能有效减少虫源；推广利用抗虫品种；注意合理轮作，不要和易感染红蜘蛛的作物临近种植如棉花等。

（2）药剂防治。可用2.5%的高效氯氟氰菊酯2 000～2 500倍，或加20%虫酰肼悬浮剂1 000～2 000倍液，或加15%哒螨灵乳油2 000～2 500倍液，或用1.8%阿维菌素3 000倍液喷洒植株，可兼治玉米蚜虫、灰飞虱等。

六、双斑长蹊萤叶甲

1. 为害症状

近年来随着玉米免耕种植、秸秆还田、旋耕粗放整地方式的普及，加上全球气候变暖，玉米田双斑长蹊萤叶甲发生为害区域和面积逐渐扩大，已经成为北方玉米产区的重要害虫，有为害加重趋势，同时，在花生、大豆、谷子、棉花田块也严重。该虫为害作物叶片、花器，在玉米上常咬断取食花丝、雄蕊、雌穗，影响玉米授粉结实，一般造成玉米产量损失达15%左右。该虫一年发生1代，以卵在土中越冬。5月开始孵化，自然条件下，孵化率很不整齐。幼虫全部生活在土中，一般靠近根部距土表3～8cm，以杂草根为食，尤喜食禾本科植物根。成虫7月初开始出现，7月上中旬开始增多，一直延续至10月，玉米雌穗吐丝盛期，也是成虫盛发期，为害玉米。先顺叶脉取食叶肉，并逐渐转移到嫩穗上，取食玉米花丝，初灌浆的嫩粒。成虫有群聚为害习性，往往在一单株作物上自下而上取食，而邻近植株受害轻或不受害。

成虫

为害籽粒症状

为害叶片症状

为害花丝症状

2. 防治方法

（1）农业防治。秋耕冬灌，清除田间地边杂草，减少双斑长跗萤叶甲的越冬寄主植物，降低越冬基数；在玉米生长期合理施肥，提高植株的抗逆性；对双斑长跗萤叶甲为害重的田块应及时补水、补肥，促进玉米的营养生长及生殖生长。

（2）人工防治。该虫有一定的迁飞性，可用捕虫网捕杀，降低虫口基数。

（3）生物防治。合理使用农药，保护利用天敌。双斑长跗萤叶甲的天敌主要有瓢虫、蜘蛛、螳螂等。

（4）化学防治。由于该虫越冬场所复杂，因此在防治策略上坚持以"先治田外，后治田内"的原则防治成虫。6月下旬就应防治田边、地头、渠边等寄主植物上羽化出土成虫；7月下旬玉米抽雄前在玉米抽雄、吐丝前，百株双斑长跗萤叶甲成虫口300头，或被害株率30%时进行防治。选用制剂用量2.5%高效氯氟氰菊酯乳油1 500倍液、25%噻虫嗪水分散粒剂2g/667m^{2}及生物制剂棉铃虫核型多角体病毒30g/667m^{2}对水喷雾都具有很好的防治效果，且前两种药剂持效期长，药后7d防效在90%以上，值得在生产上试验、推广应用。应统一防治双斑长跗萤叶甲，早晨9：00之前、16：00以后为宜。

七、草地贪夜蛾

1. 为害症状

草地贪夜蛾（又名秋黏虫）是联合国粮农组织发出全球预警的农业外来有害生物，主要危害玉米、甘蔗、高粱等作物。草地贪夜蛾起源于美洲热带和亚热带地区，具有适生区域广、迁飞速度快、繁殖能力强、防控难度大的特点。已在近100个国家发生，在发生国家曾造成20%～50%的损失，被国际农业和生物科学中心定为世界十大植物害虫之一。2019年1月首次在我国出现，目前已扩散蔓延至19个省（区）。专家分析预测，草地贪夜蛾6—8月将从我国华南玉米区向黄淮海夏玉米主产区及西北、东北玉米主产区等地蔓延，有可能形成局部虫灾。

翅展32～40mm，前翅深棕色，后翅灰白色，边缘有窄褐色带。前翅中部各一黄色不规则环状纹，其后为肾状纹；雌蛾前翅呈灰褐色或灰色棕色杂色；环形纹和肾形纹灰褐色，轮廓线黄褐色；雄蛾前翅灰棕色，翅顶角向内各一大白斑，环状纹黄褐色，后侧各一浅色带自翅外缘至中室，肾状纹内侧各一白色楔形纹。

玉米苗期为害状

玉米喇叭口期为害状

玉米雄穗和雌穗为害状

雄虫

雌虫

草地贪夜蛾的成虫

楔形纹

大白斑

雄虫

雌虫

成虫

草地贪夜蛾的虫卵

　　直径0.4mm，高为0.3mm，呈圆顶型，底部扁平，顶部中央有明显的圆形点。通常100～200粒卵堆积成块状，卵上有鳞毛覆盖，初产时为浅绿或白色，孵化前渐变为棕色。在玉米上卵多产于上部几个叶片的正面（国外报道是主要产于心叶下部叶片的背面或叶鞘上），初孵幼虫孵化后就开始取食叶片，并向四周植株扩散为害。

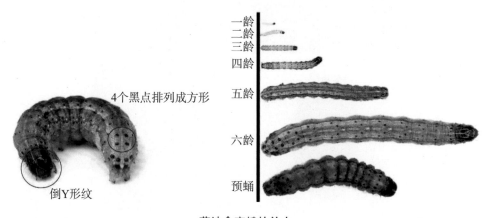

4个黑点排列成方形

倒Y形纹

一龄
二龄
三龄
四龄
五龄
六龄
预蛹

草地贪夜蛾的幼虫

　　一般有6个龄期，体长1～45mm，体色有浅黄、浅绿、褐色等多种，最为典型的识别特征是末端腹节背面有4个呈正方形排列的黑点，3龄后头部可见的倒"Y"形纹。

幼虫体色多变

草地贪夜蛾的蛹

老熟幼虫常在2～8cm的土壤中化蛹，也有在果穗或叶腋处化蛹。蛹呈椭圆形，红棕色，长14～18mm，宽4.5mm。

主要为害生长点，破坏性极强，可取食叶片，钻蛀心叶、茎秆、雄穗、花丝、雌穗、茎基部。

为害特点和农作物受害部位

钻蛀为害茎秆

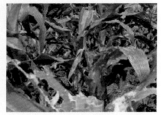

钻蛀为害心叶

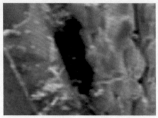

钻蛀为害雄穗

钻蛀为害茎基部

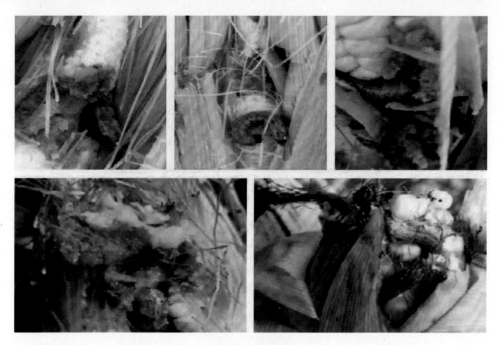

钻蛀为害果穗

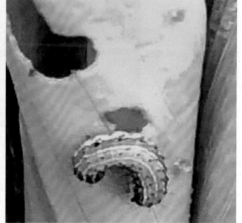

为害高粱

2. 防治方法

成虫诱杀技术

杀成虫主要是减少排卵和繁殖，杀1头成虫可减少1 000头幼虫。成虫发生期，集中连片使用杀虫灯诱杀，可搭配性诱剂和食诱剂提升防治效果。

新型飞蛾诱捕器和其他诱捕器设置的高度

新型飞蛾诱捕器　　　　　　　夜蛾类诱捕器

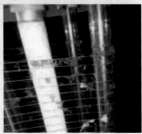

草地贪夜蛾的交配求偶行为在玉米植株的冠顶

防治方法

幼虫防治技术

幼虫是主要为害阶段。要抓住低龄幼虫的防控最佳时期，施药时间最好选择在清晨或者傍晚，注意喷洒在玉米心叶、雄穗和雌穗等部位。

（1）生物防治。

在卵孵化初期选择喷施甘蓝夜蛾核多角体病毒、苏云金杆菌、金龟子绿僵菌、球孢白僵菌、短稳杆菌、草地贪夜蛾性引诱剂等生物农药。

（2）应急防治。

玉米田虫口密度达到10头/百株时，可选用防控夜蛾科害虫的高效低毒的杀虫剂喷雾防治。

本着防控用药的有效性、安全性、经济性原则，农业农村部专家组再充分论证的基础上，推荐了25种应急使用的农药产品（详见附件），重点抓好3龄以前幼虫应急防治，一旦发现虫情，务必第一时间坚决处置，要"治早治小、全力扑杀"，对零星发生区，农民朋友可带药侦查、点杀点治。在虫情集中连片发生区，要请专业化服务组织，大家联合行动，开展统防统治和群防群治，农牧部门要加强农药市场监管，加强科学用药指导。

附件：草地贪夜蛾应急防治用药推荐名单

单剂：甲氨基阿维菌素苯甲酸盐、茚虫威、四氯虫酰胺、氯虫苯甲酰胺、高效氯氟氰菊酯、氟氯氰菊酯、甲氰菊酯、溴氰菊酯、乙酰甲胺磷、虱螨脲、虫螨腈、甘蓝夜蛾核多角体病毒、苏云金杆菌、金龟子绿僵菌、球孢白僵菌、短稳杆菌、草地贪夜蛾性引诱剂。

复配制剂：甲氨基阿维菌素苯甲酸盐·茚虫威、甲氨基阿维菌素苯甲酸盐·氟铃脲、甲氨基阿维菌素苯甲酸盐·高效氯氟氰菊酯、甲氨基阿维菌素苯甲酸盐·虫螨腈、甲氨基阿维菌素苯甲酸盐·虱螨脲、甲氨基阿维菌素苯甲酸盐·虫酰肼、氯虫苯甲酰胺·高效氯氟菊酯、除虫脲·高效氯氟氰菊酯。

第四章
水稻病虫害

第一节　水稻病害

一、稻瘟病

1. 症状与为害

稻瘟病是各地水稻较普遍发生且对水稻生产影响最严重的病害之一，分布广，为害大，常常造成不同程度的减产，还使稻米品质降低，轻者减产10%～20%，重者导致颗粒无收。病原菌为稻梨孢，属半知菌亚门真菌，病菌以分生孢子或菌丝体在带病稻草或稻谷上越冬，成为翌年初侵染源，借气流、风雨传播，进而扩展发病，形成中心病株，病部分生孢子接气流风雨再次侵染，如此反复侵染。播种带病种子可引起苗瘟，苗瘟多发生在3叶前，病苗基部灰黑，上部变褐，卷缩而死，湿度大时病部产生灰黑色霉层。叶瘟多发生在分蘖至拔节期为害，慢性型病斑，开始叶片上产生暗绿色小斑，逐渐扩大为梭形斑，病斑中央灰白色，边缘褐色，病斑多时有的连片形成不规则大斑。常出现多种病斑如急性型病斑、白点型病斑、褐点形病斑等。节瘟多发生在抽穗以后，起初在稻节上产生褐色小点，后逐渐绕节扩展，使病部变黑，易折断。穗颈瘟多在抽穗后，初形成褐色小点，后扩展使穗颈部变褐色，也造成枯白穗。谷粒瘟多发生开花后至籽粒形成阶段，产生褐色椭圆形或不规则病斑，可使稻谷变黑，有的颖壳无症状，护颖受害变褐，使种子带菌。

苗瘟症状

叶瘟初期症状

叶瘟后期症状

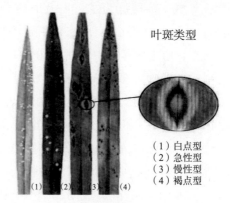

叶斑类型

（1）白点型
（2）急性型
（3）慢性型
（4）褐点型

叶瘟病斑症状

节瘟

穗颈瘟及谷粒瘟

2.防治方法

（1）农业防治。首先是选用抗病品种；及时清除带病植株根系残茬，减少菌源；合理密植，适量使用氮肥，浅水灌溉、促植株健壮生长提高抗病能力。

（2）种子处理。种子处理主要是晒种、选种、消毒、浸种、催芽等。晒种：选择晴天晒种1~2d。选种：将晒过的种子用比重为1.13的盐水或硫酸铵选种。浸种消毒：浸种的温度最好是12~14℃，时间在8d左右且积温保持在80~100℃，浸好的种子应该稻壳颜色变深，呈半透明状，透过颖壳可以看到腹白和种胚，稻粒易掐断。催芽：将充分吸胀水分的种子进行催芽，温度保持在30~32℃，破胸、适温长芽、降温炼芽的原则，当芽长到2mm时即可进行播种。

（3）药剂防治。最佳时间是在孕穗末期至抽穗进行施药，以控制叶瘟，严防节瘟、茎穗瘟为主，需及时喷药防治。前期喷施70%甲基硫菌灵可湿性粉剂100~140g/667m^2，25%多菌灵可湿性粉剂200g/667m^{2}等药剂，分别对水35kg左右均匀喷雾。中期喷施20%三环·多菌灵可湿性粉剂100~140g/667m^2，或用21%咪唑·多菌灵可湿性粉剂50~75g/667m^2，或用50%三环唑悬乳剂80~100mL/667m^2，或用40%稻瘟灵乳油100~120mL/667m^2，或用25%咪酰胺乳油40mL+75%三环唑乳油30~40mL/667m^{2}等农药，或用20%多·井·三环可湿性粉剂100~120g/667m^2，分别对水35kg左右均匀喷雾。在孕穗末期至抽穗期，可喷施20%咪酰·三环唑可湿性粉剂45~65g/667m^2，或用35%唑酮·乙蒜素乳油75~100mL/667m^2，或用20%三唑酮·三环唑可湿性粉剂100~150g/667m^2，或用30%已唑·稻瘟灵乳油60~80mL/667m^2，或用40%稻瘟灵可湿性粉剂80~100g/667m^{2}分别对水40kg喷雾于植株上部。

二、水稻纹枯病

1. 症状与为害

水稻纹枯病是水稻主要病害之一，发生普遍。病原菌为立枯丝核菌，属半知菌亚门真菌。病害发生时先在叶鞘近水面处产生暗绿色水渍状边缘模糊的小斑点，后渐再扩大呈椭圆形或呈云纹状，由下向上蔓延至上部叶鞘。病鞘因组织受破坏而使上面的叶片枯黄。在干燥时，病斑中央为灰褐色或灰绿色，边缘暗褐色。潮湿时，病斑上有许多白色蛛丝状菌丝体，逐渐形成白色绒球状菌块，最后变成暗褐色菌块，菌核容易脱落土中。也能产生白色粉状霉层，即病菌的担孢子。叶片染病，病斑呈云纹状，边缘退黄，发病快时病斑呈污绿色，叶片很快腐烂，湿度大时，病部长出白色网状菌丝，后汇聚成白色菌丝团，最后形成深褐色菌核，菌核易脱落。该病严重为害时引起植株倒伏，千粒重下降，秕粒较多，或整株丛腐烂而死亡，或后期不能抽穗，导致绝收。纹枯病以菌核在土壤中越冬，也能由菌丝或菌核在病稻草或杂草上越冬。水稻成熟收割时大量菌核落在田中，成为第二年或下季稻的主要初次侵染源。春耕插秧后漂浮水面或沉在水底的菌核都能萌发生长菌丝，从气孔处直接穿破表皮侵入稻株为害，在组织内部不断扩展，继续生长菌丝和菌核，进行再次侵染。长期淹灌深水或氮肥施用过多过迟，有利于该病菌入侵，而且也易倒伏，加重病害。

水稻纹枯病分蘖期症状

水稻纹枯病拔节期症状

水稻纹枯病穗期症状

水稻纹枯病菌核

2. 防治方法

（1）农业防治。对发病稻田，加强水肥管理，清除病残体及菌源；做好种子处理，用种衣剂包衣或用广谱杀菌剂按说明用量拌种。

（2）药剂防治。一般掌握在发病初期施药效果最佳，在分蘖盛期田块发病率达3%～5%或拔节到孕穗期丛发病率10%时用药为好。发病初期可用70%甲基硫菌灵可湿性粉剂100～140g/667m²，或用25%多菌灵可湿性粉剂200g/667m²，对水40～50kg均匀喷施；在分蘖盛期（田块丛发病率3%～5%），可喷施3%多抗霉素可湿性粉剂100～200倍液、2%嘧啶核苷类抗生素水剂500～600mL/667m²，5%井冈霉素可湿性粉剂100～150g/667m²、12.5%井冈·蜡芽菌水剂120～160mL/667m²，对水50kg左右均匀喷施；在孕穗～穗期，应掌握发病株率3%～4%时施药。选用15.5%井冈·三唑酮可湿性粉剂100～120g/667m²、5%井冈霉素水剂100～150mL/667m²，或用30%己唑·稻瘟灵乳油60～80mL/667m²，23%噻氟菌胺胶悬剂15～30mL/667m²，或选用38%恶霜嘧铜菌酯，叶面喷施稀释1 000～1 500倍液，灌根稀释800～1 000倍，每667m²对水50kg喷雾，对水400kg泼浇。

三、水稻白叶枯病

1. 症状与为害

水稻白叶枯病是一种广谱性细菌性病害，是水稻中、后期的重要病害之一，发病轻重及对水稻影响的大小与发病早迟有关，抽穗前发病对产量影响较大。该病主要有叶缘枯萎型、急性凋萎型和褐斑褐变型。叶缘枯萎型：先从叶尖或叶缘开始，先出现暗绿色水浸状线状斑，很快沿线状斑形成黄白色病斑，然后病斑从叶尖或叶缘开始发生黄褐或暗绿色短条斑，沿叶脉上、下扩展，病、健交界处有时呈波纹状，以后叶片变为灰白色或黄色而枯死。急性凋萎型：一般发生在苗期至分蘖期（秧苗移栽后1个月左右），病菌从根系或茎基部伤口侵入微管束时易发病，病叶多在心叶下1～2叶处迅速失水、青卷，最后全株枯萎死亡，或造成的枯心，其他叶片相继青萎。病株的主蘖和分蘖均可发病直至枯死，引起稻田大量死苗、缺丛。褐斑或褐变型：病菌通过伤口或剪叶侵入，在气温低或不利于发病条件下，病斑外围出现褐色坏死反应带，为害严重时田间一片枯黄。水稻白叶枯病是叶部的一种细菌性病害，主要在种子和稻草上越冬，成为翌年初次侵染来源，借风雨传播再侵染。新病区以带病谷种为主，老病区以病残体为主。带菌稻种播种后，病菌从根、茎、叶部的伤口或水孔侵入稻体，在维管束的导管中繁殖为害。灌溉水和暴风雨是病害传播的重要媒介。病菌的发育适温26～30℃，氮肥过多和低洼积水田发病早而重。台风暴雨后，病害常在感病品种上迅速扩散。

叶缘枯萎型

急性凋萎型

褐变型

后期大田症状

2. 防治方法

（1）农业防治。选择抗病、耐病优良品种；合理施用氮肥，合理密植，防止稻田淹水是防病关键；及时清理病残体并施腐熟有机肥，铲除田边地头病菌寄主性杂草。

（2）种子处理。用包衣剂包衣种子，或用温汤浸种、用广谱性杀菌剂拌种。

（3）药剂防治。可用10%硫酸链霉素可湿性粉剂50～100g/667m²、3%中生菌素可湿性粉剂60g/667m²、20%叶枯唑可湿性粉剂100g/667m²、50%氯溴异氰尿酸水溶性粉剂60g/667m²，对水50～60kg均匀喷雾。也可选用20%噻森铜悬浮剂300～500倍液、40%三氯异氰尿酸可湿性粉剂2 500倍液、20%喹菌酮可湿性粉剂1 000～1 500倍液、77%氢氧化铜悬浮剂600～800倍液，每667m²用量50～60kg均匀喷洒，间隔7～10d，交替用药连续喷施2～3次防治效果更佳。

四、水稻矮缩病

1.症状与为害

水稻矮缩病是水稻苗上的一种病毒性病害，传毒介体有黑尾叶蝉、电光叶蝉、二条黑尾叶蝉和大斑黑尾叶蝉等。病毒在叶蝉体内越冬，叶蝉在看麦娘等禾本科植物上以若虫越冬，翌年春季羽化迁回稻田为害，早稻收获后迁移到晚稻为害，晚稻收获后，迁回到看麦娘、冬稻等38种禾本科植物上越冬。该病毒可在虫体内增殖，并经卵传到子代，该病毒寄生范围广。感病的病叶症状有两种类型，白点型和扭曲型，白点型在叶片上或叶鞘上出现与叶脉平行的虚线状黄白色点条斑，以基部最明显；扭曲型，在光照不足条件下，心叶抽出呈扭曲状，随心叶伸展，叶片边缘出现波状缺刻，色泽淡黄。病株矮缩，不及正常高度的1/2，分蘖增多，叶色暗绿，叶片僵硬，叶鞘上有黄白色与叶脉平行的继续的条点，偶有散生的。分蘖期和苗期受害的病株矮缩，不能抽穗。抽穗后感染的，结实率和千粒重降低。病株根系发育不良，大多老朽。品种间抗病性差异较大，防治传毒介体昆虫是防病的关键。

叶蝉

田间病株症状

病株与健株

大田症状

2. 防治方法

（1）农业防治。选择抗病、耐病优良品种；施腐熟有机肥，合理施用氮肥，合理密植，防止稻田郁闭，减少叶蝉寄生；早期发现病株及时拔除并根治传毒害虫介体，铲除田头地边寄主性杂草。

（2）种子处理。用包衣剂包衣种子，或用广谱性杀虫剂拌种。

（3）药剂防治。以治虫防病为主要手段，可用10%异丙威可湿性粉剂200g/667m^2、25%速灭威可湿性粉剂150g/667m^{2}对水50～60kg均匀喷雾。或用25%甲萘威可湿性粉剂500倍液、20%喹菌酮可湿性粉剂1 000～1 500倍液、77%氢氧化铜悬浮剂600～800倍液，每667m^{2}用量50～60kg均匀喷洒，间隔7～10d，交替用药连续喷施2～3次防治效果更佳。

五、水稻恶苗病

1. 症状与为害

水稻恶苗病又称白秆病，为水稻广谱性真菌病害之一。从秧苗期至抽穗期均可发病，主要以菌丝和分生孢子在种子内外越冬，其次是带菌稻草。病菌在干燥条件下可存活2～3年，而在潮湿的土面或土中存活的极少。病谷所长出的幼苗均为感病株，重的枯死，轻者病菌在植株体内扩展刺激病株徒长，瘦弱，黄化，通常比健株高1/3左右，极易识别。病株基部节上常有倒生的气生根，并有粉红霉层。病菌发育适温25℃左右，抽穗扬花期，病菌分生孢子传播至花器上，导致种子带菌。

水稻恶苗病病株　　　　　　　水稻恶苗病病株基部茎节初期症状

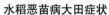

水稻恶苗病大田症状　　　　　　　　水稻恶苗病病株基部茎节后期症状

2. 防治方法

（1）农业防治。选用无病种子或播种前用药剂浸种是防治的关键措施；及时拔除病株并深埋或销毁；收获后及时清除病残体烧毁或沤制腐熟有机肥；不能用病稻草、谷壳做种子消毒或催芽投送物或捆秧把。

（2）种子处理。建立无病种子田加强种子处理，播前晒种、消毒、灭菌要彻底；做好种子包衣或用广谱性杀菌剂拌种。

（3）药剂防治。用2.5%咯菌睛悬浮剂200～300mL/667m^2、50%多菌灵可湿性粉剂150～200g/667m^2、60%噻菌灵可湿性粉剂300～500g/667m^2，对水50～60kg常规喷雾，或用16%恶线清可湿性粉剂25g加10%二硫氰基甲烷乳油剂1 000倍液，或用45%三唑酮·福美双可湿性粉剂500倍液、25%丙环唑乳油1 000倍液、25%咪酰胺乳油1 000～2 000倍液，每667m^{2}用稀释液50～60kg均匀喷雾。

六、水稻细菌性条斑病

1. 症状与为害

近几年水稻细菌性条斑病有蔓延趋势，主要为害叶片，病原菌为稻生黄单胞菌条斑致病变种，属细菌性病害。该病侵染途径主要从根、茎、叶部的气孔侵入，也可由伤口侵入，有时也从机动细胞处侵入。病菌主要在种子和稻草上越冬，成为翌年初次侵染来源，借风雨传播，病菌由气孔侵入稻体后在维管束的导管中繁殖为害。在水稻叶片上，病斑初时为暗绿色水渍状半透明小斑点，很快在叶脉间扩展为暗绿色至黄褐色细条斑，病斑两端呈浸润型绿色，病斑上常溢出大量串珠状黄色菌脓，干后呈胶状小粒。条斑可扩大到宽约1mm，长约10mm以上，其后转为黄褐色。发病严重时，病斑融聚呈不规则的黄褐色至洁白色斑块。病株矮缩，叶片卷曲，烈日下对光看可见许多半透明条斑。苗期和分蘖期最易受害。秧苗叶片多表现叶枯症状。

暗绿色水渍状病斑

黄褐色细条斑

半透明条斑

大田症状

2. 防治方法

（1）农业防治。选用抗（耐）病杂交种；早期发现病叶及早摘除烧毁或深埋，减少菌源；加强秧田、本田管理，科学灌水，培育壮苗，提高抗病能力。

（2）种子处理。建立无病种子田；种子用包衣剂包衣，用广谱性杀菌剂拌种，可用85%三氯异氟尿酸可湿性粉剂300～500倍液浸种12～24小时，捞出沥水洗净，催芽播种；50%代森铵水剂500倍液浸种12～24小时，洗净药液后催芽播种。

（3）药剂防治。在暴风雨过后及时排水施药，36%三氯异氰尿酸可湿性粉剂60g/667m^2、20%叶枯唑可湿性粉剂100g/667m^2、50%氯溴异氰尿酸水溶性粉剂60～80g/667m^2、20%噻唑锌悬浮剂100～125mL/667m^2、20%噻森铜悬浮剂100～125mL/667m^2，对水50～60kg均匀喷雾。或用80%乙蒜素乳油1 000倍液、72%农用链霉素可湿性粉剂3 000～4 000倍液、77%氢氧化铜粉剂800～1 000倍液，每667m^{2}用量50～60kg均匀喷洒，间隔7～10d，交替用药连续喷施2～3次防治效果更佳。

七、水稻烂秧病

1. 症状与为害

水稻烂秧病是种子、幼芽和幼苗在秧田期烂种、烂芽和死苗的总称，可分为生理性和传染性两大类。烂种是指播种后不能萌发的种子或播后腐烂不发芽；烂芽是指萌动发芽至转青期间芽、根死亡的现象。

（1）生理性烂秧，常见有淤籽播种过深，芽鞘不能伸长而腐烂；露籽种子露于土表，根不能插入土中而萎蔫干枯；跷脚种根不入土而上跷干枯；倒芽只长芽不长根而浮于水面；钓鱼钩根、芽生长不良，黄褐卷曲呈现鱼钩状；黑根根芽受到毒害，呈"鸡爪状"种根和次生根发黑腐烂。

（2）传染性烂芽又分绵腐型烂秧，低温高湿条件下易发病，发病初在根、芽基部的颖壳破口外产生白色胶状物，渐长出棉毛状菌丝体，后变为土褐或绿褐色，幼芽黄褐枯死，俗称"水杨梅"。立枯型烂芽开始零星发生，后成簇、成片死亡，初在根芽基部有水浸状淡褐斑，随后长出绵鬙状白色菌丝，也有的长出白色或淡粉色霉状物，幼芽基部缢缩，易拔断，幼根变褐腐烂。防治水稻烂秧的关键是抓育苗技术，改善环境条件，增强抗病力，必要时辅以药剂防治。

烂芽、烂秧

病株

田间症状

2. 防治方法

（1）农业防治。改进育秧方式，采用旱育秧稀植技术或采用薄膜覆盖或温室蒸气育秧；精选种子，选成熟度好、纯度高、干净的种子，浸种前晒种；选择高产、优质、抗病性强，适合当地生产条件的品种；抓好浸种催芽关，催芽要做到高温（36~38℃）露白、适温（28~32℃）催根、淋水长芽、低温炼苗；提高播种质量，日温稳定在12℃以上时方可露地育秧，播种以谷陷半粒为宜，播后撒灰，保温保湿有利于扎根竖芽；加强水肥管理，芽期以扎根立苗为主，保持畦面湿润，不能过早上水，遇霜冻短时灌水护芽。一叶展开后可适当灌浅水，2~3叶期灌水以减小温差，保温防冻，寒潮来临要灌"拦腰水"护苗，冷空气过后转为正常管理。

（2）种子处理。建立无病种子田；种子用包衣剂包衣，或用广谱性杀菌剂拌种，或用85%三氯异氟尿酸可湿性粉剂300~500倍液浸种12~24小时，捞出沥水洗净，催芽播种；50%代森铵水剂500倍液浸种12~24小时，洗净药液后催芽播种。

（3）药剂防治。首选新型植物生长剂~移栽灵混剂，如采用秧盘育秧，每盘（60cm×30cm）用0.2~0.5mL，一般每盘加水0.5kg，搅拌均匀溶在水中均匀浇在床土上。或用30%甲霜恶霉灵液剂1 000倍液，或用38%恶霜菌酯600倍液，或用广灭灵水剂1 000~2 000倍液浸种24~48小时或用500~1 000倍液喷洒。发现中心病株后，首选25%甲霜灵可湿性粉剂800~1 000倍液或65%敌克松可湿性粉剂700倍液。或用40%灭枯散可溶性粉剂150g/667m^{2}对水40kg喷雾，或先用少量清水把药剂和成糊状再全部溶入110kg水中，用喷壶在发病初期浇洒。或用30%立枯灵可湿性粉剂500~800倍液，或用广灭灵水剂500~1 000倍液，喷药时应保持薄水层。也可在进水口用纱布袋装入90%以上硫酸铜100~200g，随水流灌入秧田。

八、水稻稻曲病

1. 症状与为害

水稻稻曲病是水稻生长后期穗部发生的一种真菌性病害，又称伪黑穗病、绿黑穗病、谷花病、青粉病，俗称"丰产果"。该病主要发生于水稻穗部，为害部分谷粒，轻者一穗中出现几颗病粒，重则多达数十粒，病穗率可高达10%以上。病粒比正常谷粒大3~4倍，整个病粒被菌丝块包围，颜色初呈橙黄，后转墨绿，后显粗糙龟裂，其上布满黑粉状物。近年来在全国各地稻区普遍发生且逐年加重，已成为水稻主要病害之一。多在水稻开花以后至乳熟期的穗部发生且主要分布在稻穗的中下部。感病后籽粒的千粒重降低、产量下降、秕谷、碎米增加、出米率、品质降低。该病菌含有对人、畜、禽有毒物质及致病色素，易对人造成直接和间接的伤害。

水稻稻曲病前期症状

水稻稻曲病中期症状

水稻稻曲病后期症状

水稻稻曲病病粒

2. 防治方法

（1）农业防治。选择抗病耐病品种；建立无病种子田，避免病田留种；收获后及时清除病残体、深耕翻埋菌核；发病时摘除并销毁病粒；改进施肥技术，基肥要足，慎用穗肥，采用配方施肥；浅水勤灌，后期见干见湿。

（2）种子处理。建立无病种子田；种子用包衣剂包衣，或用广谱性杀菌剂拌种，可用85%三氯异氰尿酸可湿性粉剂300～500倍液浸种12～24小时，捞出沥水洗净，催芽播种；50%代森铵水剂500倍液浸种12～24小时，洗净药液后催芽播种。

（3）药剂防治。该病一般要求用药两次，第一次当全田1/3以上旗叶全部抽出，即俗称"大打包"时用药（出穗前5~7d），此病的初侵染高峰期，这时防治效果最好，第二次在破口始穗期再用1次药，以巩固和提高防治效果。抽穗前每667m²用18%多菌酮粉剂150~200g，或在水稻孕穗末期每667m²用14%络氨铜水剂250g、或用5%井冈霉素水剂100g，对水50kg喷洒，施药时可加入三环唑或多菌灵兼防穗瘟。或每667m²用40%禾枯灵可湿性粉剂60~75g，对水60kg还可兼治水稻叶枯病、纹枯病等。孕穗期和始穗期各防治1次，效果良好。

九、水稻胡麻斑病

1. 症状与为害

水稻胡麻斑病又称水稻胡麻叶枯病，全国各稻区均有发生，从秧苗期至收获期均可发病，地上部稻株均可受害，主要为害叶片，其次是稻粒。种子芽期受害，芽鞘变褐，芽难以抽出，子叶枯死。秧苗叶片、叶鞘发病，多为椭圆病斑，如胡麻粒大小，暗褐色，有时病斑扩大连片成条形，病斑多时秧苗枯死。成株叶片染病，初为褐色小点，逐渐扩大为椭圆斑，如芝麻粒大小，病斑中央褐色至灰白，边缘褐色，周围组织有时变黄，有深浅不同的黄色晕圈，严重时连成不规则大斑。病叶由叶尖向内干枯，潮褐色，死苗上产生黑色霉状物（病菌分生孢子梗和分生孢子）。叶鞘上染病，病斑初椭圆形，暗褐色，边缘淡褐色，水渍状，后变为中心灰褐色的不规则大斑。穗颈和枝梗染病，受害部位暗褐色，造成穗枯。谷粒染病，早期受害的谷粒灰黑色扩至全粒造成秕谷。后期受害病斑小，边缘不明显，病重谷粒质脆易碎。气候湿润时，上述病部长出黑色绒状霉层。病菌以菌丝体在病残体或附在种子上越冬，成为翌年初侵染源。病斑上的分生孢子在干燥条件下可存活2~3年，潜伏菌丝体能存活3~4年，菌丝翻入土层中经一个冬季后失去活力。带病种子播种后，潜伏菌丝体可直接侵害幼苗，分生孢子可借风吹到秧田或本田，萌发菌丝直接穿透侵入或从气孔侵入，条件适宜时很快出现病症，并形成分生孢子，借风雨传播进行再侵染。

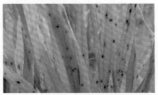

发病初期症状

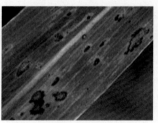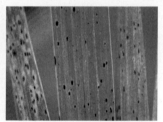

发病后期症状

2. 防治方法

（1）农业防治。深耕灭茬，消灭或降低病源菌；病稻草要及时处理销毁；选择无病种子；增施腐熟有机肥做基肥，及时追肥，增加磷钾肥，特别是钾肥的施用可提高植株抗病力；酸性土壤注意排水，适当施用石灰；要浅灌勤灌，避免长期水淹造成通气不良。

（2）种子处理。用强氯清500倍液或20%三环唑1 000倍液浸种消毒。

（3）药剂防治。用20%三环唑1 000倍液，或用70%甲基硫菌灵1 000倍液，或用50%多菌灵可湿性粉剂800倍液，或用60%多菌灵盐酸盐可湿性粉剂1 000倍液、60%甲霉灵可湿性粉剂1 000倍液，每667m²需要喷洒稀释液50～60kg，间隔5～7d防治1次，连续防治2～3次效果更佳。

十、水稻赤霉病

1. 症状与为害

水稻赤霉病也称为节黑病，病原菌为禾谷镰孢菌真菌，与小麦赤霉病的病原菌相同，麦类赤霉病的寄主范围广泛，包括大麦、小麦、水稻、玉米、甘蔗、谷、高粱等，麦类赤霉病菌侵染水稻穗部与基部叶鞘，称为水稻赤霉病。该病主要引起苗枯、穗腐、茎基腐、秆腐和穗腐等，从幼苗到抽穗都可受害。其中影响最严重是穗腐。病情严重时，造成病部以上枯黄，有时不能抽穗或抽出枯黄穗。由禾谷镰孢菌、串珠镰孢菌、半裸镰孢、同色镰孢、燕麦镰孢等侵染水稻形成的病害叫做水稻赤霉病。

2. 防治方法

（1）农业防治。选择抗病耐病优良品种；合理排灌，湿地要开沟排水；收获后要深耕灭茬，减少病源菌基数；适时播种，避开扬花期遇雨；提倡施用酵素菌沤制的腐熟有机肥；采用配方施肥，NPK合理施肥，忌偏施氮肥，提高植株抗病力。

病穗症状

（2）种子处理。在无病田留种或种子消毒，用强氯清500倍液或20%三环唑1 000倍液浸种消毒。

（3）药剂防治。用增产菌拌种，每667m²用固体菌剂100～150g或液体菌剂50mL对水喷洒种子拌匀，晾干后播（撒）种。在始花期喷洒50%多菌灵可湿性粉剂800倍液或60%多菌灵盐酸盐（防霉宝）可湿性粉剂1 000倍液、50%甲基硫菌灵可湿性粉剂1 000倍液、50%多霉威可湿性粉剂800～1 000倍液、60%甲霉灵可湿性粉剂1 000倍液，隔5～7d防治1次，连续防治2～3次效果更佳。

十一、水稻赤枯病

1. 症状与为害

赤枯病有下面3种在型。

（1）缺钾型。赤枯在分蘖前始现，分蘖末发病明显，病株矮小，生长缓慢，分蘖减少，叶片狭长而软弱披垂，下部叶自叶尖沿叶缘向基部扩展变为黄褐色，并产生赤褐色或暗褐色斑点或条斑。严重时自叶尖向下赤褐色枯死，整株仅有少数新叶为绿色，似火烧状。根系黄褐色，根短而少。多发生于土层浅的沙土、红黄壤及漏水田，分蘖时气温低时也影响钾素吸收，造成缺钾型赤枯。

（2）缺磷型。赤枯多发生于栽秧后3～4周，能自行恢复，孕穗期又复发。初在下部叶叶尖有褐色小斑，渐向内黄褐干枯，中肋黄化。根系黄褐，混有黑根、烂根。红黄壤冷水田，一般缺磷，低温时间长，影响根系吸收，发病严重。

（3）中毒型。赤枯移栽后返青迟缓，株型矮小，分蘖很少。根系变黑或深褐色，新根极少，节上生迈出生根。叶片中肋初黄白化，接着周边黄化，重者叶鞘也黄化，出现赤褐色斑点，叶片自下而上呈赤褐色枯死，严重时整株死亡。主要发生在长期浸水，泥层厚，土壤通透性差的水田，土壤中缺氧，有机质分解产生大量硫化氢、有机酸、二氧化碳、沼气等有毒物质，使苗根扎不稳，随着泥土沉实，稻苗发根分蘖困难，加剧中毒程度。

病叶

病株

分蘖减少

大田症状

2.防治方法

（1）改良土壤，加深耕作层，增施有机肥，提高土壤肥力，改善土壤团粒结构。

（2）宜早施钾肥，如氯化钾、硫酸钾、草木灰、钾钙肥等。缺磷土壤，应早施、集中施过磷酸钙每667m^{2}施30kg或喷施0.3%磷酸二氢钾水溶液。忌追肥单施氮肥，否则，加重发病。

（3）改造低洼浸水田，做好排水沟。绿肥做基肥，不宜过量，耕翻不能过迟。施用有机肥一定要腐熟，均匀施用。

（4）早稻要浅灌勤灌，及时耘田，增加土壤通透性。

（5）发病稻田要立即排水，酌施石灰，轻度搁田，促进浮泥沉实，以利新根早发。

（6）于水稻孕穗期至灌浆期叶面喷施多功能高效液肥万家宝500～600倍液，隔15d喷施1次。

第二节　水稻虫害

一、稻飞虱

1.为害症状

稻飞虱种类较多，而为害较大的主要有褐飞虱、灰飞虱、白背飞虱等，全国各地及黄淮流域普遍发生。以成虫、若虫群集于稻丛下部刺吸汁液，稻苗被害部分出现不规则的小褐斑，严重时，稻株基部变为黑褐色。由于茎组织被破坏，养分不能上升，稻株逐渐凋萎而枯死，或者倒伏。水稻抽穗后的下部稻茎衰老，稻飞虱转移上部吸嫩穗颈，使稻粒变成半饱粒或空壳，严重时造成稻株过早干枯。各地因水稻茬口、飞虱种类、有效积温等不同而有较大差异，黄海流域一年发生3～6代不等，虫口密度高时迁飞转移，多次为害。

2.防治方法：

（1）农业防治。实施连片种植，合理布局，防止田间长期积水，浅水勤灌；合理施肥，防止田间封行过早，稻苗徒长隐蔽，增加田间通风透光。

褐飞虱

褐飞虱长翅型和短翅型

分蘖期为害症状

扬花期为害症状

大田症状

（2）滴油杀虫。每667m²滴废柴油或废机油400～500g，保持田中有浅水层20cm，人工赶虫，虫落水触油而死亡。治完后更换清水，孕穗期后忌用此法。

（3）药物防治。施药最佳时间，应掌握在若虫高峰期，水稻孕穗期或抽穗期，每百丛虫量达1 500头以上时施药防治。可用58%吡虫啉1 000～1 500

倍液，或用20%吡虫·三唑磷乳油600倍液，或用10%噻嗪·吡虫啉可湿性粉剂500~800倍液，每667m²需要喷洒稀释药液50~60kg。注意喷药时应先从田的四周开始，由外向内，实行围歼。喷药要均匀周到，注意把药液喷在稻株中、下部。或用噻嗪酮可湿性粉剂20~25g，或用20%叶蝉散乳油150mL，对水50~60kg常规喷雾，或对水5~7.5kg超低量喷雾。在水稻孕穗末期或圆秆期~灌浆乳熟期，可用25%噻嗪·异丙威可湿性粉剂100~120g/667m²、50%二嗪磷乳油75~100mL/667m²、20%异丙威乳油150~200mL/667m²、45%杀螟硫磷乳油60~90mL/667m²、25%甲萘威可湿性粉剂200~260g/667m²，分别对水50~60kg均匀喷雾。可兼治二化螟、三化螟、稻纵卷叶螟等。

二、稻苞虫

1. 为害症状

稻苞虫又称为卷叶虫，为水稻常发性虫害之一，常因其为害而导致水稻大幅度减产。稻苞虫常见的有直纹稻苞虫和隐纹稻苞虫，以直纹稻苞虫较为普遍。发生特点是成虫白天飞行敏捷，喜食糖类如芝麻、黄豆、油菜、棉花等的花蜜。凡是蜜源丰富地区，发生为害严重。1~2龄幼虫在叶尖或叶边缘纵卷成单叶小卷，3龄后卷叶增多，常卷叶2~8片，多的达15片左右，4龄以后呈暴食性，占一生所食总量的80%。白天苞内取食。黄昏或阴天苞外为害，导致受害植株矮小，穗短粒小成熟迟，甚至无法抽穗，影响开花结实，严重时期稻叶全被吃光。稻苞虫1代为害杂草和早稻，第二代为害中稻及部分早稻，第三代为害迟中稻和晚季稻虫口多，为害重。第四代为害晚稻。世代重叠，第二代、第三代为害最重。

成虫   幼虫

为害症状

2. 防治方法

（1）农业防治。合理密植，科学施肥，防旺长、防徒长避免造成田间郁闭；收获后及时清除病残体，深耕翻细整地，使表土实确、地面平整。

（2）药剂防治。以迟中稻田为重点，掌握低龄幼虫盛期，每百丛水稻有虫10～20头时施药。每667m²用20%氯虫苯甲酰胺乳油10mL、或用40%氯虫·噻虫嗪8～10g、或用50%杀螟松乳油100～250mL，或用BT乳剂150～200mL，分别对水50～60kg常规喷雾，或对水5～7.5kg低量喷雾。每667m²用2.5%敌百虫粉2kg喷粉或2.5%敌百虫粉1kg加细土10kg撒毒土。

三、稻纵卷叶螟

1. 为害症状

稻纵卷叶螟是水稻田常见的广谱性害虫之一，我国各稻区均有发生。以幼虫缀丝纵卷水稻叶片成虫苞，叶肉被螟虫食后形成白色条斑，严重时连片造成白叶，幼虫稍大便可在水稻心叶吐丝，把叶片两边卷成为管状虫苞，虫子躲在苞内取食叶肉和上表皮，抽穗后，至较嫩的叶鞘内为害。严重时，被卷的叶片只剩下透明发白的表皮，全叶枯死。

2. 防治方法

（1）农业防治。合理密植，科学施肥，注意不要偏施氮肥和过晚施氮肥，防止徒长；培育壮苗，提高植株抗虫能力。

（2）药剂防治。在水稻孕穗期或幼虫孵化高峰期至低龄幼虫期是防治关键时期，每百丛水稻有初卷小虫苞15～20个，或穗期每百丛有虫20头时施药。每

667m²用15%粉锈宁可湿性粉剂800～1 000倍液+90%敌百虫1 000～1 500倍液喷雾，按50～60kg常规喷雾或超低量喷雾，可有效地防治稻纵卷叶螟、稻苞虫，还可兼治稻纹枯病、稻曲病、稻粒黑粉病等多种穗期病害。应掌握在幼虫2龄期前防治效果最好。一般用20%氯虫苯甲酰胺乳油10mL/667m²、40%氯虫·噻虫嗪8～10g/667m²、31%唑磷·氟啶脲乳油6 070mL/667m²、3%阿维·氟铃脲可湿性粉剂50～60g/667m²、10%甲维·三唑磷乳油100～120mL/667m²、2%阿维菌素乳油25～50mL/667m²。或用25%杀虫双水剂150～200mL/667m²，或用50%杀螟松乳油60mL/667m²，分别对水50～60kg常规喷雾，或对水5～7.5kg低量喷雾。

低龄幼虫

成虫

成熟幼虫

大田为害症状

四、三化螟

1. 为害症状

三化螟是我国黄淮流域普遍发生的水稻主要害虫之一。常以幼虫钻入稻茎蛀食为害，造成枯心苗。苗期、分蘖期幼虫啃食心叶，心叶受害或失水纵卷，稍褪绿或呈青白色，外形似葱管，称为假枯心，把卷缩的心叶抽出，可见断面整齐，多可见到幼虫，生长点遭到破坏后，假枯心变黄死去成为枯心苗。三化螟是一种单食性的害虫，一般只为害水稻。成虫有强烈的趋光扑灯习性，常在生长嫩绿茂密的植株上产卵。初孵幼虫叫蚁螟，孵化破卵壳后以爬行或吐丝漂移分散，自找适宜的部位蛀入为害。秧苗期蛀入较难，侵入率低。分蘖期极易蛀入，蛀食心叶，形成枯心苗。幼虫一生要转株数次，可造成3～5根枯心苗，孕穗到抽穗期为蚁螟侵入最有利时机，也是形成白穗的原因。幼虫转移有负苞转移习性。幼虫老熟后在近水面处稻茎内化蛹越冬，或以幼虫在稻桩结薄茧越冬，翌年4—5月在稻桩内化蛹。

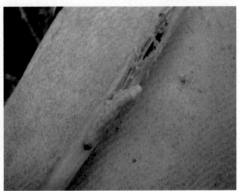

幼虫

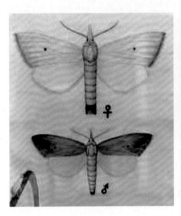

成虫

为害症状

2.防治方法

（1）农业防治。适当调整水稻布局，避免混栽；选用抗虫性突出的优良品种，做好种子处理。

（2）物理防治。利用黑光灯、共振频率荧光灯+糖醋液诱杀成虫，减少产卵量，降低发生率。

（3）药物防治。在幼虫孵化始盛期，可用50%吡虫·乙酰甲可湿性粉剂80~100g/667m^2、21%丁烯氟氰·三唑磷乳油80~100mL/667m^2、40%乙酰甲胺磷乳油100~150mL/667m^2、5%丁烯氟虫睛悬浮剂50~60mL/667m^2，对水50~60kg均匀喷雾。在水稻抽穗期，2~3龄幼虫期，可用30%毒死蜱·三唑磷乳油40~60mL/667m^2、30%辛硫磷·三唑磷乳油80~100mL/667m^2、40%丙溴·辛硫磷乳油100~120mL/667m^2、20%毒死蜱·辛硫磷乳油100~150mL/667m^2、15%甲基毒死蜱·三唑磷乳油150~200mL/667m^2、20%三唑磷乳油100~150mL/667m^2，分别对水50~60kg均匀喷雾，一般间隔7~10d再次交替喷药，防效更佳。

五、水稻二化螟

1.为害症状

水稻二化螟是水稻为害最为严重最为普遍的常发性害虫之一，各稻区均有分布。以幼虫钻蛀植株茎秆，取食叶鞘、茎秆、稻苞等，分蘖期受害，出现枯心苗和枯鞘；孕穗期、抽穗期受害，出现枯孕穗和白穗；灌浆期、乳熟期受害，出现半枯穗和虫伤株，秕粒增多，易倒伏倒折，近年局部地区间歇发生成灾，已成为水稻主要害虫之一。黄淮流域稻区二化螟一年发生2~3代，多以老熟幼虫在稻草、残茬、稻桩、杂草或寄主植物中如油菜、麦类、绿肥滋生滞育越冬，翌年温度回升后开始活动。由于越冬环境复杂、场所不同，所以，越冬幼虫化蛹、羽化时间极不整齐，世代重叠现象明显，适期防治时间长，难以把握。

2.防治方法

（1）农业防治。合理安排冬作物，越冬麦类、油菜、绿肥尽量安排在虫源少的地块，减少越冬虫源基数；及时清除田间残留水稻植株根茬，避免造成越冬场所；选用抗虫性突出的优良品种，做好种子处理；冬季烧毁残茬残株，越冬期灌水杀蛹虫。

成虫　　　　　　　　　　　　　　幼虫

大田为害症状

（2）物理防治。成虫具有趋光性利用黑光灯、共振频率荧光灯+糖醋液诱杀成虫，减少产卵量，降低发生率。

（3）药物防治。以水稻孕穗到齐穗前的稻田为防治重点，在幼虫孵化始盛期到低龄幼虫期为最佳防治时间，可用20%阿维·三唑磷乳油60～90mL/667m^2、40%吡虫·杀虫单可湿性粉剂80～120g/667m^2、25%三唑磷·毒死蜱乳油150～180mL/667m^2、40%辛硫·三唑磷乳油60～80mL/667m^2、36%三唑磷·敌百虫乳油80～100g/667m^2、46%杀单·苏云菌可湿性粉剂60～75g/667m^2、25%阿维·毒死蜱乳油80～100mL/667m^2、40%柴油·三唑磷乳油100～140mL/667m^2、20%阿维·杀螟松乳油80～100mL/667m^2、5%丁烯氟虫腈悬浮剂50～60mL/667m^2，对水50～60kg均匀喷雾；在水稻分蘖盛期～抽穗期或2～3龄幼虫期，可用15%三唑磷·杀单微乳剂150～200mL/667m^2、50%噻嗪·杀虫单可湿性粉剂60～70g/667m^2、12%阿维·仲丁威乳油50～60mL/667m^2、15%杀单·三唑磷微乳油150～200mL/667m^2、30%阿维·杀虫单微乳剂100～

120mL/667m²、20%丙溴·辛硫磷乳油剂100～120mL/667m²、25%杀虫双水剂150～200mL/667m²，或用25%杀虫双水剂100mL+BT乳剂100mL/667m²，对水50～60kg常规喷雾，或对水5～7.5kg低量喷雾，也可用5%杀虫双大粒剂1～1.5kg/667m²撒施，一般间隔7～10d再次交替施药，防效更佳。

六、稻管蓟马

1. 为害症状

稻管蓟马成虫为黑褐色，有翅，爬行很快。一生分卵、若虫和成虫3个阶段。成虫、若虫均可为害水稻、茭白等禾本科作物的幼嫩部位，吸食汁液，被害的稻叶失水卷曲，稻苗落黄，稻叶上有星星点点的白色斑点或产生水渍状黄斑，心叶萎缩，虫害严重的内叶不能展开，嫩梢干缩，籽粒干瘪，影响产量和品质。若虫和成虫相似，淡黄色，很小，无翅、常卷在稻叶的尖端，刺吸稻叶的汁液。由于稻蓟马很小，一般情况下，不易引起人们注意，只是当水稻严重为害而造成大量卷叶时才被发现，因此，要及时检查，把稻蓟马消灭在幼虫期。

稻苗为害症状

穗部为害症状

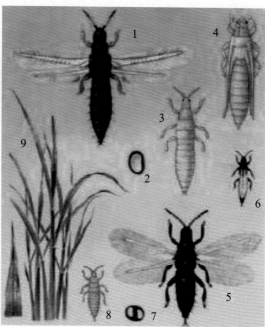

不同虫态

2. 防治方法

（1）农业防治。冬春季及早铲除杂草，特别是秧田附近的游草及其他禾本科杂草等越冬寄主，降低虫源基数；科学规划，合理布局，同一品种、同一类型尽可能集中种植；加强田间管理，培育壮秧壮苗，增强植株抗病能力。

（2）药剂防治。防治指标为秧田卷叶率达10%～15%，或百株虫量达200～300头，即需要进行药物防治，选用2.5%高效氟氯氰菊酯乳油2 000倍液、40%水胺硫磷乳油500～800倍液、90%敌百虫晶体1 500倍液、5%丁烯氟虫腈悬浮剂1 500倍液、10%吡虫啉可湿性粉剂1 500～2 000倍液，秧田和大田施药后，都要保持水层。防治稻蓟马后要补施速效肥，促使秧苗和分蘖恢复生长。

七、稻蝽象

1. 为害症状

蝽象种类主要有稻绿蝽、稻棘缘蝽，一般各稻区都有分布为害状。以成虫、若虫用口器刺吸茎秆汁液、谷粒汁液，造成植株枯黄或秕谷，减产甚至失收。成虫、若虫具有假死性，成虫具有趋光性，主要为害水稻植株及穗粒，防治适期为水稻抽穗期。

成虫

为害症状

2.药剂防治

（1）农业防治。经常清除田间地边及附近杂草，调节播种期，使水稻抽穗期避开蝽象发生高峰期；统一作物布局，集中连片种植。

（2）物理防治。黑光灯+糖醋液诱杀成虫，减少产卵量，降低发生几率。

（3）药剂防治。防治适期在水稻抽穗期到乳熟期进行，防治指标为百丛（兜）虫量8~12头；在早晚露水未干时喷药效果最好。每667m²可选用40%毒死蜱乳油50~75mL、或用20%三唑磷乳油100mL、或用2.5%溴氰菊酯20~30mL、或用2.5%氯氟氰菊酯乳剂20~30mL、或用10%吡虫啉可湿性粉剂50~75g，分别对水50~60kg混匀喷雾。

八、水稻叶蝉

1.为害症状

水稻叶蝉是水稻田普遍发生的害虫之一，各稻区均有分布。常见的有小绿叶蝉、黑尾叶蝉，均属同翅目，叶蝉科，寄主作物有水稻、茭白、慈姑、小麦、大麦、看麦娘、李氏禾、结缕草、稗草、棉花、桃、杏、李、樱桃、梅、茄子、菜豆、十字花科蔬菜、马铃薯、甜菜、葡萄等。该虫以取食和产卵时刺为稻株茎、叶、穗、粒等，破坏输导组织，受害处呈现许多棕褐色斑点或条斑，严重时导致被害植株发黄或枯死，甚至倒伏。通常情况下叶蝉吸食为害往往没有传播水稻病毒病所引起的为害严重。以若虫和少量成虫在冬闲田、绿肥田、田边等处杂草上越冬，翌年随着气温回升逐渐活跃，成为为害源，该虫喜高温干旱，7—8月高温季节为发生高峰期。

小绿叶蝉

黑尾叶蝉

 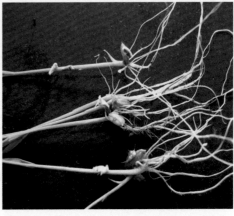

为害症状

2. 防治方法

（1）农业防治。选择种植抗性品种，尽量避免混栽，减少桥梁田；加强肥水管理，提高稻苗健壮度，防止贪青晚熟。

（2）药剂防治。每667m²可选用10%吡虫啉可湿性粉剂25～50g、或用40%毒死蜱乳油50～75mL、或用20%三唑磷乳油100mL、或用2.5%高效氟氯氰菊酯乳油20～30mL、或用2.5%溴氰菊酯乳剂20～30mL、或用25%速灭威可湿性粉剂75～100g，分别对水50～60kg喷雾。或者用2.5%溴氰菊酯或2.5%高效氯氟氰菊酯乳油2 000倍液、50%抗蚜威超微可湿性粉剂3 000倍液、20%噻嗪酮乳油1 000倍液，每667m²需用稀释液50～60kg。

第五章
甘薯病虫害

第一节　甘薯病害

一、甘薯根腐病

1. 症状与为害

甘薯根腐病又称烂根病，已经成为制约我国甘薯生产病害之一，一般发病地块减产10%～20%，重病地块植株成片死亡甚至造成绝产。甘薯根腐病是真菌性病害，在苗床发病症状较轻，出苗率低，出苗晚，幼苗叶色淡，生长缓慢，须根上有褐色病斑，根系是大田发病时主要侵染部位，幼苗须根尖端或中部出现赤褐色或黑褐色病斑，横向扩展环绕1周后，病部以下的根段很快变黑腐烂，拔秧时容易从病部折断。地下茎感染后成黑斑表皮纵裂，病轻者地上秧蔓节间缩短、矮化，叶片发黄，地下茎近土表能生出新根但多数不结薯，即使结薯薯块也小。发病重的地下根茎全部变黑腐烂，病薯块表面粗糙，布满大小不等的黑褐色病斑，中后期龟裂，皮下组织变黑。薯块表皮初期不破裂、多畸形，有凹陷褐色至黑色病斑圆形，至中后期纵横龟裂及脱落，皮下组织变黑疏松并侵染整个薯块。甘薯根腐病主要为土壤传染，田间扩展靠流水和耕作活动。遗留在田间的病残体也是初侵染来源。一般沙土地比黏土地发病重，连作地比轮作地发病重。

2. 防治方法

（1）农业防治。选用抗病良种；与小麦、玉米、棉花等作物轮茬3年以上；及时清除田间病残体。

病苗

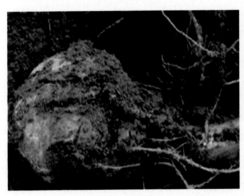

病薯

（2）药剂防治。育无菌种苗，育苗时选用无病、无伤、无冻的种薯并用50%甲基硫菌灵可湿性粉剂800～1 000倍液浸种杀菌，对苗床进行全面消毒杀菌，培育无菌种苗，定植前用药液浸苗蘸根杀菌。在薯苗生长前期即5月上旬和下旬用40%多菌灵可湿性粉剂或50%甲基硫菌灵可湿性粉剂800～1 000倍液连续两次进行叶面喷雾防治防效较好。

二、甘薯黑斑病

1. 症状与为害

甘薯黑斑病属于毁灭性的真菌性病害，该病不仅能造成产量的巨大损失，而且病薯中还含有毒素，能引起人畜中毒。黑斑病在我国各甘薯生产区均有发生，是国内植物重点检疫对象。一般发病田会导致产量损失20%~30%，重病田达70%~80%，个别严重田块甚至绝收。黑斑病在整个生育期均能遭受病菌为害，主要为害块根及幼苗茎基部。苗期病苗基部叶片变黄脱落，苗基部呈水渍状，以后逐渐变成黄褐色乃至黑褐色，地上部分叶色淡，地下部分变黑腐烂，脱皮而腐烂，苗易枯死，造成缺苗断垄。大田生长期病苗栽后不发根，茎基和入土部分呈黄褐色或黑褐色水渍状，最后全部腐烂，有臭味，茎内有时有乳白色的浆液，并且结出的薯块上往往带有病斑。薯块初期不表现症状，剖视薯块纵切面，可以看到维管束变淡黄色或褐色到黑色，并呈条纹状，病菌可以从薯块的一端或须根处侵入；横切面可见维管束组织成一淡黄色或褐色的小斑点，发出刺鼻臭辣味。后期整个薯块软腐，或一端腐烂，有脓液状白色或淡黄色菌液，带有刺鼻臭味。收获时可以见到薯块发病产生圆形或近圆形的黑褐色病斑，病部中央稍凹陷，病健交界分明，轮廓明显，上生灰色霉层或刺毛状物，使薯肉变为墨绿色，病薯变苦，不能食用。在种薯储藏前期，高温、高湿条件，易引起烂窖。甘薯黑斑病主要侵染来源是带病的种薯、种苗以及带菌的土壤和肥料，病菌孢子随病薯、土壤、病残体越冬。土壤和肥料中如混有病株残余也可传染。此外，灌溉水、农具、人畜活动造成人为的机械伤口，还因地下害虫造成的虫伤和生育早期干旱，而后期雨水多，薯块猛长引起的生理性裂伤，都会造成病菌侵入，引起发病。

甘薯黑斑病初期症状

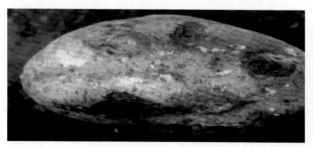 

甘薯黑斑病后期症状

2. 防治方法

（1）植物检疫。培育无病壮苗。

①苗床选用新土、无菌土或新苗床育苗，施用净肥及净水。

②建立无病留种地，选择3年以上未种过甘薯的地块作留种地；精细挑选种薯，严格剔除病、虫、伤、冻薯块。

③种薯消毒，温汤浸种：用50～54℃温水10分钟；浸种时，要严格掌握温度。药剂浸种：常用药剂有70%甲基硫菌灵可湿性粉剂700～1 000倍液、50%多菌灵可湿性粉剂1 000倍液、80%乙蒜素1 500倍液浸薯10分钟。

（2）农业防治。对发病严重的地块，实行2年以上轮作；适时收获，防止冻害；收获时轻刨、轻运；严格剔选薯块，凡有病的、有虫伤口、破伤口及露头青的薯块，不能入窖；运输工具必须消毒；用高温大屋窖贮藏，甘薯入窖后，加温短时间内使薯堆温度升至38～40℃，保持恒温4昼夜，然后降温至12℃左右，做到安全贮藏。

（3）化学防治。选栽无病壮苗、高剪苗与药剂浸苗，将病菌侵染的薯苗根茎白色幼嫩部分剪掉。药剂浸苗，用50%多菌灵可湿性粉剂3 000倍液，或用70%甲基硫菌灵可湿性粉剂4 000倍液，浸薯苗基部10分钟，浸后随即扦插。薯块入窖时，用50%多菌灵可湿性粉剂2 400倍淋洒薯块，亦能控制黑斑病及贮藏期其他病害。甘薯高温愈合处理是防治黑斑病比较有效的方法，值得提倡。

三、甘薯茎线虫病

1. 症状与为害

甘薯茎线虫病，俗称糠心病、空心病、癞皮病等。主要为害薯块，其次是薯苗和薯蔓基部，一般造成田间减产15%，严重时可以减产60%，甚至绝收，而且还能造成烂窖、烂床、定植后死苗烂母。苗期受害出苗矮小、发黄。受害部位多靠近土面处薯苗基部白色部分。纵剖茎基部，内有褐色空隙，剪断后不流乳液或很少流白浆。后期侵入部位表皮裂成小口，髓部呈褐色于腐状，剪断后无白浆。严重时苗内部糠心可达秧蔓顶部。苗期症状消失，主蔓茎部表现褐色龟裂斑块，内部呈褐色糠心，病株蔓短、叶黄、生长缓慢，甚至枯死。根部呈现表皮坏裂。薯块受害症状有3种类型。

（1）糠皮型。线虫由土壤通过薯块皮层侵入，薯皮皮层呈青色至暗紫色，病部稍凹陷或龟裂。

（2）糠心型。线虫是由种薯和薯苗传染的，薯块皮层完好，内部核心，呈褐、白相间的干腐。

（3）混合型。生长后期发病严重时，糠心和糠皮两种症状同时发生，在田间容易腐烂。甘薯茎线虫以卵、幼虫、成虫同时存在薯块、薯茎或土壤及粪肥内越冬，成为次年的侵染来源，主要通过种薯、秧苗、土壤、粪肥传播。种薯直栽地发病重于秧栽害薯地。春薯发病重于夏薯。连作地土壤中发病重。甘薯品种间抗病性差异很大，腐烂茎线虫严重发生往往与大面积长期种植高感品种有关。

甘薯茎线虫病症状

2.防治方法

（1）农业防治。加强植物检疫，保护无病区；病区应建立无病留种地，选用抗病品种；可与棉花、玉米、高粱施行5年以上轮作，忌与马铃薯、豆类轮作；清除田间病残体，减少线虫在土壤和农家肥中的数量；药剂浸种、浸苗及土壤消毒；采用高剪苗，已发病地区，要积极推广高剪苗或插春蔓技术，从苗床上离秧苗基部3～5cm剪下，然后进行药剂蘸根插秧，能明显减轻该病发生程度。

（2）药剂防治。一是苗床期控制：苗床排好种薯后，用1.8%阿维菌素乳油800~1 000倍浇灌，或用10%噻唑膦颗粒剂100g/m²加细沙土撒施再覆土。二是栽插时处理：栽插时每亩用1.8%阿维菌素乳油0.5kg，对水3 000~4 000倍逐穴浇药液随即栽苗封穴或10%噻唑磷颗粒剂1.5~2kg，加细干土30~40kg制成毒土，移栽时每穴撒入毒土10g左右，然后浇水栽苗。

四、甘薯蔓割病

1. 症状与为害

甘薯蔓割病又称为甘薯枯萎病、甘薯萎蔫病、蔓枯病、茎腐病等。是我国各大薯区常见的真菌性病害之一，土壤带菌及带病种薯、种苗是引起苗田和大田发病的侵染源，主要为害茎蔓和薯块。一般减产10%~20%，重者达80%以上。该病主要侵染茎蔓、薯块。苗期染病主茎基部叶片变黄脱落，茎基部膨大纵向破裂，横剖可见维管束变为黑褐色，裂开处呈纤维状。薯块染病薯蒂部呈腐烂状，横切病薯上部，维管束呈褐色斑点。临近收获期病薯表面产生圆形或近圆形稍凹陷浅褐色斑，比黑疤病更浅，贮藏期病部四周水分丧失，呈干瘪状。

叶部变黄症状

茎蔓基部初期症状症状　　　　　　　　　　茎蔓裂开症状

2. 防治方法

（1）农业防治。选种抗病品种；选用无病种薯，无病土育苗，栽插无病壮苗；合理施肥，施用有机肥，适量灌水，雨后及时排除田间积水；重病地块与水稻、玉米、大豆等作物进行3年以上轮作；发现病株及时拔除，集中烧毁或深埋。

（2）药剂防治。药剂浸种，用50%甲基硫菌灵可湿性粉剂600倍液或80%多菌灵1 000倍液浸薯种，栽植前用50%多菌灵1 000倍液浸苗5～10分钟；发病初期用30%多. 福可溶性粉剂400倍液、2%春雷链霉素2 000～3 000倍液、50%恶霉灵锰锌600倍液、3%甲霜灵水剂1 800～2 000倍液喷淋或灌根。

五、甘薯瘟

1. 症状与为害

甘薯瘟病是一种具毁灭性的细菌性甘薯病害，属国内检疫范畴的甘薯病害，多发生在长江以南各薯区，近几年河南、河北、湖北等省地都有发生。一般减产30%～40%，重的可达70%～80%，甚至绝产。该病整个生长期都能为害，但各个时期的症状不同。苗期发病叶尖稍凋萎，基部呈水渍状，后逐渐变成黄褐色乃至黑褐色。成株期病叶萎蔫，叶色正常但不能正常结薯，后期叶片枯萎，地下茎腐烂发臭，茎内有时可见到乳白色的浆液，继而茎叶干枯变黑，全株枯死。根细，小薯块与茎基部变色、腐烂，轻拔易断。薯块早期感病的植株，一般不结薯或结少量根薯，后期感病时根本不结薯。感病轻的薯块症状不明显，但薯拐呈黑褐色纤维状，根梢呈水渍状，手拉容易脱皮。中度感病的薯块，病菌已侵入薯肉，蒸煮不烂，失去食用价值，群众称为"硬尸薯"。感病重的，薯皮发生片状黑褐色水渍状病斑，薯肉为黄褐色，严重的全部烂掉，带有刺鼻臭味。甘薯瘟是一种系统性维管束病害，病原细菌随病残体遗落土中，或潜伏于病苗、病薯组织中越冬。该菌主要侵染根部，病菌经由伤口侵入，进入维管束组织，在导管及相邻组织内迅猛增殖和广泛散布，由此产生输水导管的阻塞和破坏，并最终导致植物枯萎。

2. 防治方法

（1）严格检疫。对传播病菌的途径予以封锁、切断，以保护无病区免受病害的威胁。

叶片症状

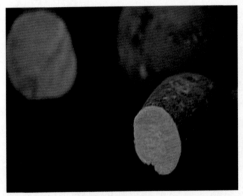

薯块感病轻的症状　　　　　　　　薯块感病重的薯肉为黄褐色症状

（2）农业防治。选用抗病品种，使用净肥、净水培育建立无病留种地；合理轮作，与水稻、小麦、大豆、玉米、棉花、花生等作物轮作；适量灌水，雨后及时排除田间积水。

（3）药剂防治。栽前可用72%农用硫酸链霉素2 000倍液浸苗10分钟；发病初期喷洒50%克菌丹可湿性粉剂500倍液、20%喹菌酮悬浮剂1 000倍液、30%氧氯化铜悬浮剂600～800倍液、77%氢氧化铜可湿性粉剂600～800倍液。

六、甘薯窖藏病害

甘薯贮藏期病害在我国有10余种，主要有黑斑病、茎线虫病、软腐病、干腐病、黑痣病等。贮藏期病害可造成甘薯烂窖，其损失约占贮藏量的10%。

1. 症状与为害

（1）甘薯软腐病。病菌多从薯块两端和伤口侵染薯块，患病初期薯肉内组织无明显变化，发病后薯组织变软发粘，内部腐烂，表皮呈深褐色水渍状，破皮后流出黄褐色汁液带有酒糟味。环境湿度较大时，薯块表面长出茂盛的棉毛状菌丝体，形成厚密的白色霉层，上有黑色的小颗粒，即病菌的孢子囊。病情扩展迅速，环境条件适合时，4～5d全薯腐烂。如果被其他微生物侵入，则变成霉酸味和臭味，以后干缩成硬块。

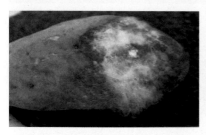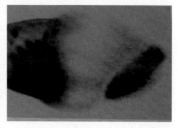

软腐病症状

（2）甘薯干腐病。贮藏期干腐病有2种类型。在收获初期和储藏期均可侵染为害，一种是在薯块上散生圆形或不规则形凹陷的病斑，内部组织呈褐色海绵状，后期干缩变硬，在病薯破裂处常产生白色或粉红色霉层；另一种干腐病多在薯块两端发病，表皮褐色，有纵向皱缩，逐渐变软，薯肉深褐色，后期仅剩柱状残余物，其余部分呈淡褐色，组织坏死，病部表面生出黑色瘤状突起，似鲨鱼皮状。

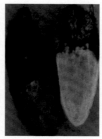

干腐病症状

（3）甘薯黑痣病。该病主要为害薯块的表层。初生浅褐色小斑点，后扩大形成黑褐色近圆形至不规则形大斑。病重时，病斑硬化，产生微细龟裂。受害薯逐渐失水干缩。潮湿时病部生出灰黑色霉层。

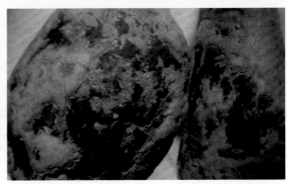

黑痣病症状

2. 防治方法

（1）薯窖消毒。薯块入窖前，对旧窖要刮土见新，用5g/m³硫黄熏蒸一昼夜或用1：50的福尔马林药液喷洒窖壁，封闭两天后通气。

（2）适时收获。夏薯应在霜降前后收完，秋薯应在立冬前收完，避免冻害，收薯宜选晴天，小心收挖，轻拿轻放，避免薯块受伤。

（3）贮前精选。入窖前精选健薯，剔除伤、病薯及冻薯块。种薯入窖前用50%多菌灵可湿性粉剂500倍液，浸蘸薯块1~2次，晾干入窖。

（4）科学管理。加强温湿度管理，入窖前薯块呼吸作用增强，窖内温度高、湿度大，利于伤口愈合，可保持窖内温度34~38℃、相对湿度在80%~85%，持续3d。随后让窖内薯堆温度维持在12~14℃，注意通风。气温下降时要逐渐封闭窖口，加厚覆土，做好保温工作。

（5）药液浸苗。在薯苗扦插前用50%多菌灵可湿性粉剂1 000倍液，70%甲基硫菌灵可湿性粉剂1 500倍液（药液浸至苗的1/3~1/2处）浸泡10分钟。

第二节　甘薯虫害

一、甘薯麦蛾

为害症状

甘薯麦蛾又称甘薯卷叶蛾，为鳞翅目麦蛾科昆虫，主要为害甘薯、蕹菜和其他旋花科植物。以幼虫吐丝卷叶，幼虫啃食叶片、幼芽、嫩茎、嫩梢，或把叶卷起咬成孔洞，发生严重时仅残留叶脉。甘薯麦蛾在我国除新疆、宁夏、青海、西藏等省区，其余各地都有发生，尤以南方薯区发生较重。成虫体长4~8mm，黑褐色。幼虫细长纺锤形，长6~15mm，头部浅黄色，躯体淡黄绿色，可见体内呈暗紫色。该虫从华北到福建省、广东省1年发生3~9代，以蛹在叶中结茧越冬。翌年3—4月春薯开始出现大量幼虫卷叶为害，7—8月发生最多，直至11月下旬均可见此虫为害。

成虫

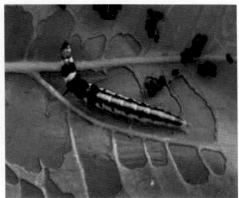
幼虫

为害症状

二、甘薯天蛾

为害症状

甘薯天蛾又名旋花天蛾、白薯天蛾、甘薯叶天蛾。分布在全国各地。以蕹菜、扁豆、赤豆、甘薯为寄主。该虫为害特点幼虫食叶，影响作物生长发育。该虫近年在华北、华东等地区为害日趋严重。成虫体长50mm，暗灰色；幼虫老熟幼虫体长50~70mm，体色有两种：一种体背土黄色，侧面黄绿色，杂有粗大黑斑，体侧有灰白色斜纹，气孔红色，外有黑轮；另一种体边绿色，头淡黄色，斜纹白色，尾角杏黄色。该虫在北京年发生1代或2代，在华南年发生3代，以老熟幼虫在土中5~10cm深处作室化蛹越冬。于5月底见幼虫为害，以9—10月发生数量较多，幼虫取食蕹菜叶片和嫩茎，高龄幼虫食量大，严重时可把叶食光，仅留老茎。

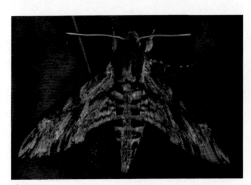

成虫

幼虫

初孵幼虫

为害症状

三、斜纹夜蛾

为害症状

　　斜纹夜蛾别名莲纹夜蛾。分布极广，我国几遍各省区，以长江流域及以南地区受害重。为害甘薯、棉花、烟草等99科209种植物。幼虫食叶为主，也咬食嫩茎、叶柄，大发生时常把叶片和嫩茎吃光，造成严重损失。成虫体长14~20mm，深褐色；老熟幼虫体长35~47mm，头部黑褐色，胴部体色为土黄色、青黄色、灰褐色或暗绿色，背线、亚背线及气门下线均为灰黄色及橙黄色。在河北省年生3~4代，山东省4代，河南省、江苏省、浙江省4~5代，湖北省5代，江西省6代，福建省7~8代，广东省8~9代。世代重叠，以蛹在土中越冬。成虫把卵产在叶背，卵层成块状，表面覆有黄色鳞毛，初孵幼虫群集于叶背取食下表皮及叶肉，低龄阶段靠吐丝下坠随风飘移传播，2~3龄后分散活动。幼虫具假死性，老龄幼虫有成群迁移、转移为害的习性。

成虫　　　　　　　　　　幼虫　　　　　　　　　为害症状

四、甘薯绮夜娥

为害症状

　　甘薯绮夜娥别名谐夜蛾、白薯绮夜蛾。分布在黑龙江、内蒙古、河北、河南、新疆、江苏、广东等地。寄主有甘薯、田旋花等。低龄幼虫啃食叶肉成小孔洞，3龄后沿叶缘食成缺刻。成虫体长8~10mm，暗赭色，翅基片及胸背有淡黄纹，腹部黄白略带褐色；末龄幼虫体长20~25mm，淡红褐色，头部分为褐绿色型，黑色型，红色型等。该虫一年发生2代，以蛹在土室中越冬，翌年7月中旬羽化为成虫，产卵于寄主嫩梢的叶背面，卵单产；初孵幼虫黑色，3龄后花纹逐渐明显，幼虫十分活跃。

成虫 幼虫 为害症状

五、甘薯跳盲蝽

1.为害症状

甘薯跳盲蝽俗称甘薯蛋。以幼虫在叶片上刺吸汁液，刺吸处留下灰绿色小点。产卵于叶脉两侧组织内，有些外露，卵盖上覆盖粪便。成虫体长约2.1mm，黑色。若虫初孵时桃红色，后变灰褐色，具紫色斑点。在河南年发生3~4代，以卵在寄主植物组织中越冬。成虫能飞善跳，喜欢在湿度大的菜地为害，卵产在寄主叶脉两侧的组织里，有时外露，卵盖常有粪便覆盖。若虫孵化后与成虫在成长的叶片背面为害。夏季完成1个世代约25d。田间发生世代重叠，以卵越冬。

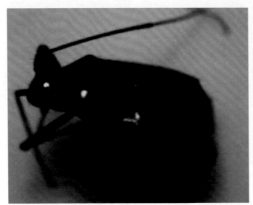 

成虫 为害症状

2.防治技术

（1）农业防治。冬季耕翻，破坏越冬环境，促使越冬蛹死亡，减少越冬虫源。结合田间管理，及时提蔓铲除杂草。深耕细耙消灭部分蛹。人工摘除卵块和捕杀幼虫，收集初孵幼虫集中的叶片毁灭等，均有压低虫口密度，减轻为害的作用。

（2）物理防治。设立诱虫灯诱杀成虫，在各代成虫发生初盛期，尚未大量产卵前，可采用黑光灯、糖醋液或杨树枝诱杀成虫，以减少田间虫源。并可兼作预测预报资料，糖醋液中可加少许敌百虫。规模化农场采用每2hm²设立诱虫灯1盏，能有效控制；应用性诱剂，应用性诱剂是一种省工、省本，对人畜和有益昆虫无毒害以及无污染环境的植保新技术，值得推广应用。如甘薯小象虫雄虫和斜纹夜蛾成虫等发生期，应用相对应的性诱剂整片田设诱杀点30~60个/hm²（视发生量而定），能有效控制本代为害；插黄板，设隔虫网，烟粉虱防治上可在秋季田间插黄板，为害田片四周架设隔虫网控制为害。

（3）化学防治。在耕地整畦时，用3%辛硫磷颗粒剂3kg/667m²拌细土25~30kg均匀撒施于土表，然后翻入土中杀死部分蛴螬、叶甲类幼虫、金针虫等地下害虫。甘薯地上部害虫主要有麦蛾、甘薯天蛾、斜纹夜蛾等。发生程度与气象条件有关，一般年份不用喷药，虫害发生较重时可喷雾防治。可用2.5%溴氰菊酯乳油50g/667m²对水50kg喷雾，或用90%敌百虫0.1~1.5kg/667m²喷雾防治甘薯天蛾，或用1.8%甲维盐10mL/667m²加高效氯氟氰菊酯10mL/667m²喷雾防治，或用1%甲氨基阿维菌素苯甲酸盐乳油1 500~2 000倍喷雾防治，或用5%氯虫苯甲酰胺悬浮剂2 000~3 000倍液喷雾防治。跳甲螨是育苗期主要传毒昆虫，可以喷洒22.4%螺虫乙酯悬浮剂2 000~3 000倍、10%烯啶虫胺水剂1 000~2 000倍防治烟粉虱。

（4）生物防治。注意保护利用自然天敌。斜纹夜蛾常见的天敌有寄生于卵的广赤眼蜂；寄生于幼虫的小茧蜂和寄生蝇。此外，天敌还有步行甲、蜘蛛及多角体病毒等，对斜纹夜蛾都有一定的抑制作用，应注意保护利用。

第六章
谷子病虫害

第一节　谷子病害

一、谷子白发病

1. 症状与为害

谷子白发病是一种分布十分广泛的病害，病原菌属鞭毛菌亚门真菌，为害严重。该病害在幼苗期至抽穗期均可发生，幼苗被害后叶表变黄白色或干枯，叶背有灰白色霉状物，称灰背，霉状物不断繁殖导致谷子叶片干枯死亡，类似花白苗，谷穗抽不出苞叶而整株枯死。旗叶期被害株顶端3～4片叶变黄，并有灰白色霉状物，称为白尖。此后，叶组织坏死，只剩下叶脉，呈头发状，故叫白发病。病株穗呈畸形，粒变成针状，俗称刺猬头。

2. 防治方法

（1）农业防治。选用抗病品种是最经济有效的措施，尤其对气传流行性病害更加有效；加强田间管理，施足底肥，培育壮苗，增施磷钾肥，可有效提高谷苗的抗病能力；播种前铲除田间和田块周围杂草，减少灰飞虱、蚜虫、蟋蟀等传毒害虫的栖息场所，可有效降低病毒病及苗期害虫的咬食为害；出苗后应注意及时清除田间病株，防止病菌传播为害。

（2）种子处理。可用35%甲霜灵可湿性粉剂按种子重量的0.3%拌种；或者用50%甲霜酮（甲霜灵·三唑酮）可湿性粉剂按种子重量的0.3%～0.4%拌种。做好种子处理是防治该病害最经济有效的措施之一。

病穗

病叶

（3）药剂防治。用50%多菌灵可湿性粉剂600～800倍液或58%甲霜灵·代森锰锌可湿性粉剂600倍液喷洒防治，或用72%霜脲·锰锌可湿性粉剂600～800倍液在抽穗前及扬花后喷雾防治。

二、谷子叶斑病

1. 症状与为害

谷子叶斑病整个生育期均可发病，主要为害叶片。叶片上病斑椭圆形至梭形，大小2～3cm，中部灰褐色，边缘褐色至红褐色；后期病斑上生出小黑粒点，即病菌分生孢子器，影响光合作用。

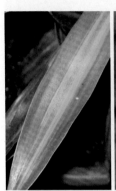

病叶　　　　　　　　　　　　　　　　病株

2. 防治方法

（1）农业防治。及时拔除清理田间感病植株，定期轮作，选用抗病品种，加强田间管理，防治（止）传染。

（2）药剂防治。发病初期70%甲基硫菌灵可湿性粉剂500倍液，或用36%甲基硫菌灵悬浮剂500～600倍液，或用50%多菌灵可湿性粉剂600～800倍液，或用50%琥胶肥酸铜可湿性粉剂500倍液，或用30%碱式硫酸铜悬浮剂400倍液，或用47%春雷·王铜可湿性粉剂700倍液，或用12%绿乳铜乳油600倍液等喷洒均可，严重时最好每隔7～10d喷1次，连续防治2～3次效果更佳。

三、谷子锈病

1. 症状与为害

谷子锈病的病原菌为单胞锈菌，属担子菌亚门真菌，夏孢子或冬孢子的单细胞形状不一，前者多呈椭圆形、后者多呈球形、长球形、多角形，黄褐色。以夏孢子和冬孢子越冬、越夏，成为初侵染源，病菌借气流传播，高温多雨、高湿有利于病害发生，密度过大发病重。主要发生在谷子生长的中后期，多在谷子抽穗后的灌浆期，主要为害叶片，在叶片两面特别是背面散生大量红褐色圆形或椭圆形的斑点，可散出黄褐色粉状孢子，像铁锈一样，是锈病的典型症状，发生严重时可使叶片枯死。

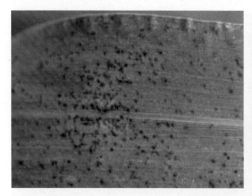 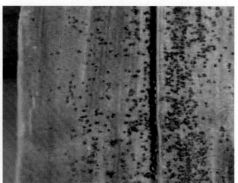

病斑

病叶 病株

2. 防治方法

（1）农业防治。选用抗锈品种朝425、豫谷11、复1等。

（2）种子处理。播种前对种子进行包衣剂包衣，或用15%粉锈宁可湿性粉性按种子重量的2%拌种，能有效降低发病率，提高植株抗锈病能力。

（3）药剂防治。发病初期，喷洒20%三唑酮乳油800～1 000倍液稀释液，或喷洒40%氟硅唑乳油9 000倍液。当病叶率达1%～5%时，可用15%三唑酮可湿性粉剂800倍液进行喷药，隔7～10d酌情进行第二次喷药，也可用50%萎锈灵可湿性粉剂1 000倍液喷雾防治。

四、谷子谷瘟病

1. 症状与为害

谷子谷瘟病在谷子产地均可发生，为广布性病害，属半知菌亚门真菌。谷子的各个生育期均可发生，叶片典型病斑为梭形，中央灰白或灰褐色，叶缘深褐色。常以分生孢子在病草、病残体和种子上越冬，成为翌年初侵染源，感病叶片病斑上形成分生孢子，分生孢子借气流传播进行再侵染，潮湿时叶背面发生灰霉状物，穗茎为害严重时变成死穗、籽粒干瘪。

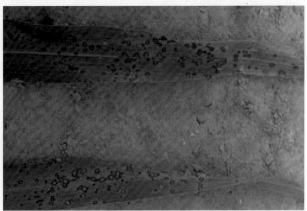

病叶

病叶鞘　　　　　　　　　　　病穗

2. 防治方法

（1）农业防治。及时将田间病草处理干净，科学施肥，忌偏施氮肥，要合理密植，密度不宜过大，维持田间通风透光良好，提高抗病能力。

（2）药剂防治。发病初期、抽穗期、齐穗期，分别在田间喷65%代森锌500~600倍液，或用甲基硫菌灵200~300倍液喷施叶面防治；或在谷子封垄前，用40%稻瘟灵乳油1 000倍液，或用20%三环唑可湿性粉剂1 000倍液全田喷雾1~2次。拔节到抽穗前可再喷1次，同时，可添加72%农用链霉素4 000倍液和4.5%高效氯氰菊酯乳油1 000倍液进行混合喷雾，可兼防褐条病、粟灰螟、玉米螟、黏虫、粟芒蝇等。

五、谷子红叶病

1. 症状与为害

谷子红叶病是由大麦黄矮病毒引起的一种病毒病，主要为害谷子、玉米、黍以及部分禾本科杂草，属我国北方谷区比较常见和普遍的一种病毒性病害。主要由玉米蚜进行持久性传毒。大麦黄矮病毒，不能经由种子、土壤传播，也不能通过机械传播。症状表现：谷子紫秆品种类型发病后叶片、叶鞘、穗部颖壳和芒变为红色、紫红色，新叶由叶片顶端先变红，出现红色短条纹，逐渐向下方延伸，直至整个叶片变红，有时沿叶片中肋或叶缘变红，形成红色条斑。幼苗基部叶片先变红，向上位叶扩展；成株顶部叶片先变红，向下层叶片扩展。谷子青秆品种类型发病后叶片上、叶鞘上产生黄色条纹，叶片黄化，症状发展过程与紫秆品种相同。重病株不能抽穗，或虽抽穗但不结实。

病叶   病株

2. 防治方法

（1）农业防治。选用抗病、耐病品种；播种前及生长期间，及时清除杂草，减少传播虫源和滋生条件；加强田间管理，增施肥料，氮、磷、钾肥配合使用，合理灌溉，培育壮苗，提高抗病能力。

（2）种子处理。用病毒灵等杀菌药剂，按种子重量的0.5%拌种，堆闷4～6小时后播种较好。

（3）药剂防治。及早动手，在春季蚜虫迁入谷田之前，喷药防治田边杂草上的蚜虫效果更为理想。在定苗前用1.8%阿维菌素乳油2 000倍液和4.5%高效氯氰菊酯乳油1 000倍液，或每667m²用50%抗蚜威可湿粉剂5g，或用70%吡虫啉水剂20g，或用10%吡虫啉10g加2.5%三氟氯氰菊酯20～30mL对水15kg进行全田喷雾防治。

六、谷子粒黑穗病

1. 症状与为害

谷子粒黑穗病在谷子产区均有发生，主要为害穗部，病原菌为谷子黑粉菌，属担子菌亚门真菌，以冬孢子附着在种子表面上越冬。翌年带菌种子播种萌芽后，冬孢子也萌发侵入幼芽，随植株生长侵入，最后侵入穗部，破坏子房，形成黑粉粒。一般在抽穗前不显症状，多在抽穗后不久，穗上出现子房肿大成椭圆形、较健粒略大的菌瘿，外包一层黄白色薄膜，内含大量黑粉，即病原菌冬孢子。膜较坚实，不易破裂，通常全穗子房都发病，少数部分子房发病，病穗较轻，在田间病穗多直立不下垂。

病粒

病穗

2. 防治方法

（1）农业防治。实行合理的轮作，一般3～4年要倒茬更换地块，减少土壤菌源。建立无病留种田，使用无病种子。

（2）种子处理。用40%拌种双可湿性粉剂，或用50%福美双可湿性粉剂，或用80%多菌灵可湿性粉剂，按种子重量的0.3%拌种。或用苯噻清按种子重量的0.05%～0.2%拌种。或用粉锈宁（或50%克菌丹）可湿性粉剂按种子重量的0.2%剂量拌种效果都很好。

第二节　谷子虫害

一、粟灰螟

1. 为害症状

粟灰螟属鳞翅目，螟蛾科。一般每年发生2～3代，以幼虫蛀食谷子茎秆基部，苗期受害形成枯心苗，穗期受害遇风雨易折倒，常常形成穗而不实、白穗或使谷粒空秕，成为北方谷区的主要蛀茎害虫，以老熟幼虫在谷茬内或谷草、玉米残茬及玉米秆中越冬。

1雄成虫

2雌成虫

成虫

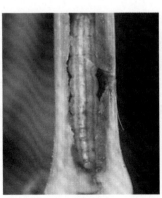

幼虫

蛹

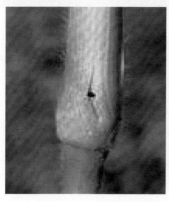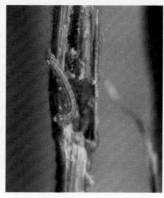

被害状

2.防治方法

（1）农业防治。选种抗虫品种，有效降低发病株率，发现枯心苗后及时拔出，携带出田外深埋；早播诱集田，集中防治，也可因地制宜调节播种期，设法使苗期避开成虫羽化产卵盛期，以减轻为害；秋耕时，清除谷茬，谷子收获后及播种前，结合耕整地，拾净、清除谷子根茬、谷草、杂草等，集中深埋沤肥或烧毁，因为谷茬、谷草和地边杂草是该虫害的主要过冬场所。

（2）药剂防治。在成虫产卵盛期——卵孵化盛期——幼虫蛀茎前施药。

①撒毒饵（毒土）：在6月上中旬每667m²用4～5kg炒香的麦麸或粉碎后炒香的棉籽饼，与对少量水的90%晶体敌百虫，或用48%毒死蜱乳油500g拌成毒饵；或每667m²用80%敌敌畏乳油300～500mL，或用50%辛硫磷乳油100mL，拌25kg细土，在傍晚顺垄撒在谷苗的根际，形成药带。

②喷药：48%毒死蜱乳油1 500倍液、2.5%高效氯氟氰菊酯乳油2 500倍液、4.5%高效氯氰菊酯1 000倍液，喷于谷子苗的叶背面，对各代幼虫均可起到良好的防治效果。还可使用氯虫苯甲酰胺、菊酯类、甲维盐、茚虫威等。

二、负泥甲

1.为害症状

负泥甲属鞘翅目，负泥甲科。别名粟叶甲、谷子负泥甲、粟负泥虫。幼虫、成虫均为害，成虫沿叶脉啃食叶肉，形成白条状，不食下表皮。幼虫钻入心叶内啃食叶肉，叶面出现宽白条状食痕，造成叶面枯焦，出现枯心苗。

成虫

幼虫被害状　　　　　　　　　　　　成虫

2.防治方法

（1）农业防治。合理轮作，避免重茬，秋耕整地，清除田间地边杂草，适时播种。

（2）药剂防治。谷子出苗后4~5叶或定苗时喷洒药剂如4.5%高效氯氰菊酯乳油1 000~1 500倍液；或者用2.5%高效氯氟氰菊酯微乳剂1 500倍液，每667m^{2}喷对好的药液75kg。

三、粟缘蝽

1.为害症状

粟缘蝽属半翅目，缘蝽科，全国各谷子产区都有为害与分布。以成虫、若虫具有很发达的刺吸式口器，常刺吸谷子叶部汁液或穗部未成熟籽粒的汁液，影响谷子发育代谢生长、产量和质量。

成虫　　　　　　　　　　　　　　　　　　　为害症状

2. 防治方法

（1）农业防治。种植抗虫品种；机耕后再播种；如为重茬播种，必须事先清洁田园。秋收后也要注意拔除田间及四周杂草，减少成虫越冬场所。根据成虫的越冬场所，在翌年春季恢复活动前，人工进行捕捉、施药，效果都很好。

（2）药剂防治。成虫发生期喷洒50%马拉硫磷乳油1 000倍液；或用20%甲氰菊醋乳油3 000～3 500倍液；或用2.5%高效氯氟氰菊酯微乳剂1 500倍液；或用4.5%高效氯氰菊酯乳油1 500～2 000倍喷雾，对水30kg喷雾。

第七章
大豆病虫害

第一节　大豆病害

一、大豆霜霉病

为害与症状

大豆霜霉病的病原菌为东北霜霉，属鞭毛菌亚门真菌。该病主要为害幼苗、叶片、荚和子粒。幼苗受害后，当第一片真叶展开后，沿叶脉两侧出现褪绿斑块。叶片上病斑多角形或不规则形，背面密生灰白色霜霉状物。成株叶片表面呈圆形或不规则形，边缘不清晰的黄绿色星点，后变褐色，叶背生灰白色霉层。豆荚病斑表面无明显症状，剥开豆荚，其内部可见不定型的块状斑，病粒表面黏附灰白色的菌丝层，内含大量的病菌卵孢子。病菌以卵孢子在种子上和病叶里越冬，成为来年初侵染菌源。每年6月中下旬开始发病，7—8月是发病盛期，多雨年份常发病严重。

（1）农业防治。选用抗病品种，精选种子，淘汰除病粒；及时将病株残体清除田外销毁以减少菌源，生长期间及时排除积水，实行2～3年轮作等均可减轻霜霉病的发病率。

（2）种子处理。用90%三乙磷酸铝可湿性粉剂按种子量的0.3%拌种，或用3.5%甲霜灵粉剂按种子量的0.3%拌种；或用50%福美双可湿性粉剂按种子量的0.5%拌种；或用72%霜霉威水剂、70%敌磺钠可湿性粉剂按种子量的0.1%～0.3%拌种。

叶片正面症状　　　　　　　　　　　　叶片反面症状

（3）药剂防治。在大豆开花期，喷施50%福美双可湿性粉剂500～800倍液，或用65%代森锌可湿性粉剂500～1 000倍液，或用75%百菌清可湿性粉剂500～800倍液。田间发病时可用25%甲霜灵800倍液喷洒，或用72%杜邦克露（霜脲氰·代森锰锌）可湿性粉剂800倍液，每667m²用药液40kg左右，间隔10d左右喷洒1次，连喷2～3次防治效果更佳。

二、大豆灰斑病

1.症状与为害

大豆灰斑病又称蛙眼病、斑点病。病原菌为大豆尾孢菌，属半知菌亚门真菌。大豆灰斑病是广谱性病害，尤以东北3省为害严重，也是河南省间歇发生的流行病害，可减产5%～50%，且造成蛋白质含量降低。主要为害叶片，也能浸染茎、荚。叶片病斑初为红褐色斑点，逐渐扩展成圆形、椭圆形，中央灰色，边缘红褐色的蛙眼状病斑。严重时，病斑融合，叶片干枯脱落，茎上病斑椭圆形，中央褐色，边缘深褐色或黑色，中部稍凹陷。荚上病斑圆形或椭圆形，边缘红褐色，中央灰色。以菌丝体或分生孢子在病残体或种子上越冬，翌年春季成为初浸染源，在田间主要靠气流风雨传播，田间湿度大易重度发病。

初期病斑

后期病斑

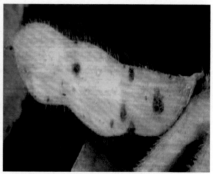

病荚

2. 防治方法

（1）农业防治。交替使用抗病耐病品种，以延长品种的使用年限。及时清除病残体，收获后及时翻耕土地，减少越冬菌量；加强田间管理，合理密植，培育壮苗，提高抗病性；做好种子处理，消灭杂草、减少病菌源，降低田间湿度，降低感病概率。

（2）种子处理。用大豆包衣剂包衣种子；或用50%福美双可湿性粉剂、或用50%多菌灵可湿性粉剂按种子量的0.3%拌种。

（3）药剂防治。防治施药的关键时期是始荚期至盛荚期。用50%异菌脲可湿性粉剂100g/667m²、25%丙环唑乳油40mL/667m²+50%代森铵水剂30mL+70%甲基硫菌灵可湿性粉剂100～150g/667m²混合防治，间隔10d左右再喷洒1次，防治效果更为理想。也可用2.5%溴氰菊酯乳油，每667m² 40mL与50%多菌灵可湿粉每667m² 100g混合，可兼防大豆食心虫与灰斑病。

三、大豆褐斑病

1. 症状与为害

大豆褐斑病的病原菌为大豆壳针孢，属半知菌亚门真菌。该病只为害叶片，子叶病斑不规则形，暗褐色，上生很细小的黑点。真叶病斑棕褐色，轮纹上散生小黑点，病斑受叶脉限制呈多角形，严重时病斑融合成大斑块，导致叶片变黄干枯脱落。病菌以孢子器或菌丝体在病组织或种子上越冬，成为翌年初浸染源，种子带菌引致幼苗子叶发病，病菌靠风雨传播，先浸染底部叶片，后重复浸染向上蔓延，遇温暖多雨多雾高湿结露易发病重。

初期病斑

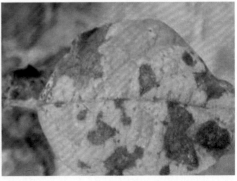

后期病斑

2.防治方法

（1）农业防治。选择抗病耐病的优良品种；实行3年以上轮作；加强田间管理，及时处理残茬病株以及田间杂草，减少病源菌基数。

（2）种子处理。用多多菌灵加福美双，每千克种子用有效成分2.4g药剂或2.5%咯菌腈悬浮种衣剂悬浮种衣剂按种子量的0.15%拌种，均具有很好的防效，且成本低，操作简单。

（3）药剂防治。发病初期可用，可用50%多菌灵可湿性粉剂100g/667m^2、50%异菌脲可湿性粉剂100g/667m^2、25%丙环唑乳油40mL/667m^2，或用70%甲基硫菌灵可湿性粉剂100～150g/667m^{2}喷洒防治，均具有防效好，成本低，操作简单的优点。

四、大豆紫斑病

1.症状与为害

大豆紫斑病的病原菌为菊池尾孢，属半知菌亚门真菌。大豆紫斑病属广谱性病害，在我国大豆产区普遍发生，常在大豆结荚前后发病。主要为害豆荚和豆粒，也为害叶子和茎秆，豆荚病斑近圆形，灰黑色，边缘不明显，豆粒上的病斑紫色，形状不定，仅限于种皮，不深入内部。叶片上的病斑初为紫色圆形小点，散生，扩展后形成多角形褐色或浅灰色斑。生有黑色霉状物，茎秆上形成长条状或梭形红褐色病斑，严重时整个茎秆变成黑紫色，病斑融合成大斑块而导致茎秆变黑干枯。病菌以菌丝体潜伏在种皮内或以菌丝体和分生孢子在病残体组织上越冬，成为翌年初浸染源，种子带菌，引起幼苗子叶发病，病苗或叶片上产生的分生孢子借靠风雨传播进行初浸染和再浸染，大豆开花期和结荚期多雨气温偏高，温暖多雨多雾高湿容易发重度发病。

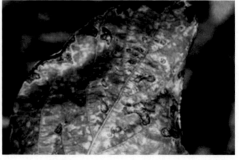

病叶

病荚

2.防治方法

（1）农业防治。实行定期轮作，及时处理残茬病株以及田间杂草，大豆收获后及时深秋耕，减少病源菌基数；加强田间管理，合理密植，增施磷钾肥，提高抗病性。

（2）药剂防治。

①种子处理：应选用高效包衣剂包衣种子，或者用50%福美双可湿性粉剂按种子重量的0.3%拌种。

②喷药防治：最佳防治时期为大豆开花始期、蕾期。在开花始期（发病初期），可用50%多·霉威可湿性粉剂1 000倍液，或用50%多菌灵可湿性粉剂800倍液+65%代森锌可湿性粉剂600倍液、70%甲基硫菌灵悬浮剂800倍液+80%代森锰锌可湿性粉剂600倍液、50%异菌脲可湿性粉剂100g/667m²、25%丙环唑乳油40mL/667m²对水喷雾均具有较好防效。在结荚期、嫩荚期再各喷1次，防治效果更佳。

五、大豆细菌性斑点病

1.症状与为害

大豆细菌性斑点病病原菌为丁香假单胞菌大豆致病变种，属细菌性病害。主要为害幼苗、叶片、叶柄、茎及豆荚。幼苗感染病后子叶生半圆形或近圆形褐色斑。叶片感染病后初生褪色不规则形小斑点，水渍状，扩大后呈多角形或不规则形，病斑中间深褐色至黑褐色，外围具一圈窄的褪绿晕环，病斑融合后成枯死斑块。病菌在种子和病残体上越冬，成为翌年初浸染源，播种带菌种子能引起幼苗发病，病叶上的病原菌借靠风雨传播，引起多次再浸染。越冬后病叶上的细菌也可浸染幼苗和成株期叶片，发病后也可借风力、雨传播，结荚后病菌侵入种荚，直接侵害种子，严重影响大豆产量与质量。

初期病害

后期病害

2. 防治方法

（1）农业防治。与禾本科作物实行定期轮作，减少病源菌基数，施用充分腐熟的有机肥，大豆收获后及时深秋耕，加强田间管理，合理密植，培育壮苗增强抗病能力，及时处理残茬病株以及田间杂草。

（2）种子处理。种子处理应选用高效包衣剂包衣种子，或者用50%福美双可湿性粉剂按种子重量的0.3%拌种。

（3）药剂防治。发病初期可用72%农用链霉素可溶性液剂500倍液、新植霉素500倍液、30%碱式硫酸铜悬浮液400倍液、30%琥胶肥酸铜可湿性粉剂60g/667m²，或用50%多菌灵可湿性粉剂800倍液+65%代森锌可湿性粉剂600倍液、70%甲基硫菌灵悬浮剂800倍液+80%代森锰锌可湿性粉剂600倍液、50%异菌脲可湿性粉剂100g/667m²、25%丙环唑乳油40mL/667m²喷雾均具有较好防效。每10d喷1次，连喷2～3次防治效果更佳。

六、大豆病毒病

1. 症状与为害

大豆病毒病又称大豆花叶病，在我国各大豆产区普遍发生，为广谱性病害之一。该病是整株系统侵染性病害，病症变化差异性较大，常见的花叶类型有轻度花叶型，叶片生长基本正常，只表现轻微淡黄色斑块；重花叶型，叶片也呈黄绿相间的花叶斑块，皱缩畸形，叶脉弯曲，叶肉呈紧密泡状突起，暗绿色；皱缩花叶型，叶片呈现黄绿相间的花叶，并皱缩呈畸形，沿叶脉呈泡状突起，叶缘向下卷曲或扭曲，植株矮化。种子带毒是该病初浸染源，病毒可在蚕豆、豌豆、等作物体上越冬，蚜虫、叶蝉、飞虱是传播病毒源的主要载体。

病叶症状

2.防治方法

（1）农业防治。播无病毒种子或低毒种子，适当调整播种期，躲过蚜虫传播高峰盛期，在蚜虫、叶蝉、飞虱迁飞前喷药防治。

（2）种子处理。播种前用病毒灵按种子量的0.3%左右拌种，可有效抑制或杀灭病毒活性。

（3）药剂防治。蚜虫迁飞前用10%吡虫啉可湿性粉剂30~40g/667m^2、3%啶虫脒乳油30mL/667m^2、2.5%溴氰菊酯（或氰戊菊酯）乳油40mL/667m^{2}对水40~50kg均匀喷雾，或用50%抗蚜威可湿性粉剂2 000倍液喷雾。发生重的地块，可在发病初期加喷1次2%宁南霉素水剂100~150mL/667m^2、0.5%菇类蛋白多糖水剂300倍液、1.5%植病灵乳油1 000倍液。

七、大豆疫霉根腐病

1.症状与为害

大豆疫霉根腐病的病原菌为大豆疫霉，属鞭毛菌亚门真菌。大豆各生育时期均可发病，出苗前染病，易引起种子腐烂或死苗。出苗后染病，引致病部根腐或茎腐，造成幼苗萎蔫或死亡。成株染病，初期茎基部变褐、腐烂，病部环绕茎蔓延，下部叶片叶脉间黄化，上部叶片褪绿，造成植株萎蔫、凋萎叶片悬挂在植株上。该病以卵孢子在土壤中存活越冬成为翌年初侵染源，以风、雨为传播途径，土壤黏重、积水、湿度高、多雨、重茬的发病就重些，否则发病就轻些。近年大豆种植面积增大，重迎茬比例加重，根腐病现象较为常见，一般减产量5%~90%不等，严重的甚至绝产。

病叶　　　　　　　　　　　　　　病株

2.防治方法

（1）农业防治。选用抗病耐病的优质、高产品种。加强田间管理，做好土壤处理、种子处理，减少病源菌基数，及时处理残茬病株以及田间杂草，雨后及时排除田间积水。

（2）药剂防治。用35%甲霜灵粉剂按种子重量的0.3%拌种，或用30%多·福·克悬浮大豆种衣剂，或用多菌灵加福美双按种子重量0.15%～0.3%拌种；发病初期可喷洒或浇灌25%甲霜灵可湿性粉剂800倍液，或用58%甲霜灵·代森锰锌可湿性粉剂600倍液，或用64%杀毒矾（恶霜灵·代森锰锌）可湿性粉剂500倍液，或用72%霜脲氰·代森锰锌可湿性粉剂600倍液，均具有防效好，成本低，操作简单的优点。

八、大豆线虫病

1. 症状与为害

大豆线虫病（根结线虫病、胞囊线虫病）主要为害大豆根系。根系发育不良，侧根少，须根多，须根上着生许多黄白色针头大小的颗粒，肉眼可见，后期变为褐色脱落。受线虫为害后根系变弱、大豆根瘤变少，严重时根系变褐腐朽，病株地上部矮小、节间短、花芽少，枯萎，结荚少，叶片发黄。翌年春季变暖，卵开始孵化，2龄幼虫冲破卵壳进入土壤内，后钻入根部，在根皮层中发育为成虫，在田间传播主要通过田间作业时农机具或人畜携带的胞囊土壤，另外，农作物病残体、粪肥、水流、风雨等也可以传播胞囊，种子中的胞囊是大豆胞囊线虫远距离传播的主要途径。

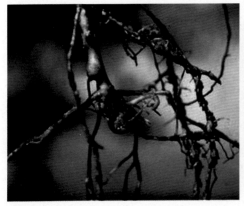

病根

病叶　　　　　　　　　　　　　　　　病株

2.防治方法

（1）农业防治。加强检疫选用抗病品种，与禾本科作物轮作，增施底肥、充分腐熟有机肥，增施种肥，培育壮苗，提高单株抗病力。

（2）种子处理。用大豆专用包衣剂包衣种子。

（3）药剂防治。用10%噻唑磷颗粒剂一般每亩地用量为1~2kg拌适量细土在播种时，撒入播种沟内。

九、大豆炭疽病

1.症状与为害

大豆炭疽病症为广谱性病害，各大豆产区普遍发生，主要为害茎和豆荚。茎上病斑为近圆形或不规则形，初生暗褐色，后期变为灰白色，病斑包围茎后，导致茎枯死。豆荚上的病斑近圆形，红褐色，后变为灰褐色，病斑上产生许多小黑点，排列成轮纹状，即病菌的分生孢子盘。病原菌为大豆小丛壳，属子囊菌亚门真菌。常以菌丝在带病种子上或落于田间病株组织内越冬，翌年播种后直接侵害子叶，在潮湿条件下分生孢子，借风雨传播侵染。生产上苗期低温或土壤过分干燥，容易造成幼苗发病。成株期温暖潮湿利于该菌侵染流行，河南7—8月高温、多雨、高湿时炭疽病发生就相对较严重，反之，发病就轻。

2.防治方法

（1）农业防治。雨后及时排水，降低田间湿度；氮磷钾肥配方使用，避免过多、单一施用氮肥；收获后及时清除和烧毁残病株减少菌源，深翻耕地。

病茎

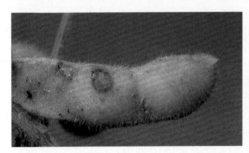

病荚

（2）种子处理。用40%卫福胶悬剂（福美双+萎锈灵）250mL拌种子100kg，或用80%多菌灵微粒剂或50%多菌灵可湿性粉剂按种子量的0.3%～0.5%拌种，或用50%福美双可湿性粉剂按种子量的0.3%拌种，或用70%代森锌可湿性粉剂按种子量的0.4%拌种，堆闷3～4小时播种。

（3）药剂防治。最佳防治施药时期是在大豆开花结荚期。在开花始期，喷施50%多菌灵可湿性粉剂600倍液、或用80%炭疽福美（福美双·福美锌）可湿性粉剂800～1 000倍液，或用25%溴菌晴可湿性粉剂2 000倍液，或用47%春雷霉素·氧氯化铜可湿性粉剂800～1 000倍液，或用50%异菌脲可湿性粉剂70～100g/667m^{2}对水40～50kg均匀喷雾。间隔10d左右交替用药连喷2～3次防治效果更佳。

十、大豆荚枯病

1. 症状与为害

大豆荚枯病为广谱性病害，各大豆产区时常发生，主要为害豆荚、也能为害茎和叶片。豆荚染病，病斑初为暗褐色，后变为苍白色，病斑呈近圆形，上轮生许多小黑点，幼荚常脱落，老荚染病萎垂不落，病荚大部分不结实，发病轻的虽能结荚，但籽粒小，常易干缩，味苦。茎染病产生灰褐色不规则形病斑，上生无数小黑粒点，病部以上干枯，导致茎枯死。病原菌为豆荚大茎点菌，属半知菌亚门真菌。以菌丝体在带病种子或分生孢子器在病残体上越冬，成为翌年初侵染菌源，多年连作地块，田间残留病残体及周边杂草上越冬菌量多的、地势低洼、排水不良、在潮湿条件下发病就重，反之，则发病较轻。

病荚

病茎

2. 防治方法

（1）农业防治。雨后及时排水，降低田间湿度；氮磷钾肥配方使用，避免过多、单一施用氮肥；收获后及时清除和烧毁残病株减少菌源，深翻耕地，施用充分腐熟的有机肥。

（2）种子处理。用50%多菌灵可湿性粉剂或50%福美双可湿性粉剂按种子量的0.3%～0.4%拌种，或用80%多菌灵微粒剂按种子量的0.3%～0.5%拌种，或用70%代森锌可湿性粉剂按种子量的0.4%拌种，堆闷3～4小时播种。

（3）药剂防治。最佳防治施药时期是在大豆开花始期，喷施50%多菌灵可湿性粉剂600倍液、或用70%甲基硫菌灵可湿性粉剂800~1000倍液，或用50%咪鲜胺锰盐可湿性粉剂2000倍液，或用47%春雷霉素·氧氯化铜可湿性粉剂800~1000倍液，或用25%嘧菌酯悬浮剂1000~1500倍液均匀喷雾。间隔10d左右交替用药连喷2~3次防治效果更佳。

第二节 大豆虫害

一、大豆蚜虫

1.大豆蚜虫

大豆蚜虫俗称腻虫、蜜虫。蚜虫为害植株的生长点、嫩叶、嫩茎、嫩荚，传播病毒，造成叶片卷缩，生长减缓，结荚数减少，苗期发生严重可致整株死亡。一般持续干旱高温少雨容易重度发生，多集中在大豆的生长点及幼嫩叶背面，刺吸植株汁液，造成伤口为害，植株矮化、降低产量，还可传播病毒病，造成减产和品质下降。

大豆蚜虫为害症状

2. 防治方法

（1）农业防治。铲除田间、地边杂草，减少虫源滋生。

（2）种子处理。用种衣剂包衣种子，用60%吡虫啉悬浮种衣剂10mL，对水25g，拌种1.5～2kg可有效防治苗期蚜虫。

（3）药剂防治。当每株10头以上或卷叶率5%以上，每667m²用10%溴氟菊酯乳油15～20mL，50%抗蚜威可湿性粉剂10g，10%吡虫啉可湿性粉剂15～20g，2.5%高效氯氟氰菊酯30mL，对水40～50kg喷雾。

二、大豆食心虫

1. 为害症状

大豆食心虫又称大豆蛀荚螟，是大豆常发性的害虫之一，以幼虫蛀食豆荚，幼虫蛀入前均作一白丝网罩住幼虫，一般从豆荚合缝处蛀入，被害豆粒咬成沟道或残破状。此害虫幼虫爬行于豆荚上，蛀入豆荚，咬食豆粒，造成大豆粒缺刻、受害，重者可吃掉豆粒大半，被害籽粒变形，荚内充满粪便，品质变劣。

为害症状

2. 防治方法

（1）农业防治。选择抗虫类品种；轮作换茬；播前深翻细耙；收获后及时清除残茬病株，减少虫源。

（2）种子处理。50%辛硫磷乳油按种子量0.5%～0.7%拌种，稍晾干及时播种，或用大豆包衣剂包衣种子。

（3）药剂防治。大豆开花结荚期为该虫防治关键时期。成虫发生盛期每667m²用80%敌敌畏乳油150g浸沾20cm长的高粱秆、玉米秆40～50根，每隔5～10m插1根。每667m²用2.5%溴氰菊酯、5%顺式氰戊菊酯、2.5%三氟氯氰菊酯、20%氰戊菊酯等菊酯类农药，对水40kg均匀喷雾。

三、大豆卷叶螟

1. 为害症状

大豆卷叶螟是大豆生产上的主要害虫，除为害大豆外，还为害绿豆、花生等豆科植物。大豆卷叶螟以幼虫为害豆叶、花、蕾和豆荚，幼虫蛀入花蕾和嫩荚，被害蕾易脱落，被害荚的豆粒被虫咬伤，蛀孔口常有绿色粪便，虫蛀荚常因雨水灌入而腐烂。幼虫为害叶片时，3龄前喜食叶肉不卷叶，3龄后开始卷叶，4龄幼虫将豆叶横卷成筒状，潜伏在其中为害，有时数张叶片卷在一起，常引起落花落荚。7月下旬至8月上旬第一代幼虫严重为害盛期，田间卷叶株率大幅度增加，严重发生田块卷叶株率达90%以上，9月是第二代幼虫为害盛期。田间世代重叠，常同时存在各种虫态。多雨湿润的气候有利于大豆卷叶螟发生；生长茂密的豆田、晚熟品种、叶毛少的品种，施氮肥过多或晚播田受害较重。

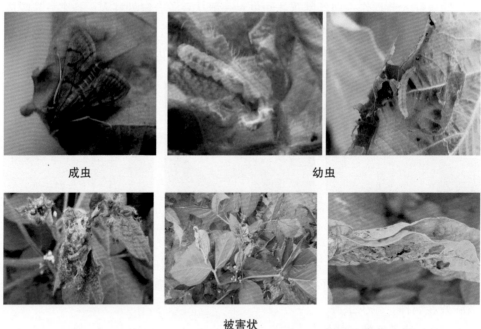

成虫　　　　　　　　　　　　　　　幼虫

被害状

2. 防治方法

（1）农业防治。及时清理田园内的落花、落蕾、和落荚、病残植株体，以免转移为害；选择抗虫、耐虫品种。

（2）药剂防治。播前做好种子药剂拌种处理。田间防治应在各代卵孵化盛期是防治大豆卷叶螟的关键时期。一般在查见田间有1%～2%的植株有卷叶为害时开始防治，每667m²可选用的药剂有2.5%高效氟氯氰菊酯乳油35mL，或用10%高效氯氰菊酯乳油15～20mL，或用5%氰戊菊酯乳油20mL，或用35%辛·唑乳油50mL，或用15%茚虫威悬浮剂10mL，或用5%丁烯氟虫腈悬浮剂5～10mL，或用1.8%阿维菌素乳油20mL等，对水30～40kg喷雾。每隔7～10d防治1次，交替用药连续防治2次效果更好。

四、大豆红蜘蛛

1. 为害症状

大豆红蜘蛛为广谱性害虫，属于叶螨科。以成螨和若螨常群集于叶背面结丝成网，吸食叶片汁液，大豆叶片受害初期叶正面出现黄白色斑点，3～5d斑点面积扩大，斑点加密，叶片开始出现红褐色斑块。随着为害加重，叶片变成锈褐色，似火烧状，严重时叶片卷曲，脱落。高温干旱天气有利于大发生。

大豆红蜘蛛形态特征

叶片背面被害状　　　　　　　　　　叶片正面被害状

2. 防治方法

（1）农业防治。清除田间病残体，杂草等螨虫生存处的虫源，能有效降低发生程度。利用生物多样性和生态平衡机理，总结完善以虫治虫食物链，培育相克物种。

（2）药剂防治。当红蜘蛛点片发生时，选择药效好、持效期长，并且无药害的药剂。如1.8%虫螨克乳油2 000～3 000倍液，或用73%灭螨净2 000～3 000倍液，或用20%螨克乳油2 000倍液，或用生物药剂阿维菌素、仿生农药1.8%农克螨乳油2 000倍液，每667m²均匀喷洒稀释药液60kg左右，防治效果均较好，交替用药防效更理想。

五、豆天蛾

1. 为害症状

豆天蛾俗名豆虫（丈母虫），分布广泛，每年发生1～2代，以老熟幼虫在9～12cm土层越冬，翌年春暖上移化蛹。以幼虫为害大豆叶片，造成缺刻或孔洞，轻则吃成网孔，重者将豆株吃成光杆，不能结荚，影响产量。一般7月下旬至8月下旬为幼虫发生盛期，初孵化幼虫有背光性，白天潜伏叶背，1～2龄为害顶部咬食叶缘成缺刻，一般不迁移，3～4龄食量大增即转株为害，这时是防治适期，5龄是暴食阶段，约占幼虫期食量的90%。生长期间若雨水协调则有利于豆天蛾发生，大豆植株生长茂密，低洼肥沃的田块，豆天蛾成虫产卵多，为害重。

2. 防治方法

（1）农业防治。收获后播种前，深耕翻能减少虫源基数；合理间作、轮作可降低该害虫为害程度和虫口密度。设置黑光灯+糖醋液诱杀成虫，可减少豆田的落卵量，减轻为害。

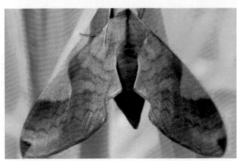

成虫

幼虫

被害状

（2）药剂防治。防治豆天蛾幼虫的适期应掌握在3龄前用4.5%高效氯氰菊酯1 500～2 000倍液，或用50%辛硫磷乳油1 000倍液，或用20%氰戊菊酯乳油2 000倍液，或用2.5%溴氰菊酯乳油2 000倍液，或用25%甲氰菊酯乳油1 000倍液，每667m²用稀释药液50～75kg均匀喷雾。

六、大豆造桥虫

1. 为害症状

大豆造桥虫种类较多，黄淮流域以银纹夜蛾、斜纹夜蛾为多，属间隙爆发为害的杂食性害虫。幼虫为害豆叶为主，也咬食叶柄、蚕食嫩尖、花器和幼荚，大发生时可吃光叶片造成落花落荚，子粒不饱满，严重影响产量。造桥虫每年可发生多代，尤其以7月上中旬到8月中旬为害最重。成虫昼伏夜出，趋光性强，喜在生长茂密的豆田内产卵，卵多散产在豆株上部叶背面。幼虫幼龄时仅食叶肉，留下表皮呈窗孔状。3龄幼虫食害上部嫩叶成孔洞，多在夜间为害。

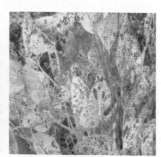

成虫　　　　　　　　　　幼虫　　　　　　　　　　被害症状

2. 防治方法

（1）农业防治。及时翻犁空闲田，铲除田边杂草，在幼虫入土化蛹高峰期时，结合农事操作进行中耕灭蛹，灌溉等措施有效降低田间虫口基数。

（2）药剂防治。掌握卵块至3龄幼虫期前喷洒药剂防治，可用1.8%阿维菌素乳油2 000倍液，或用20%虫酰肼悬浮剂2 000倍液，或用20%氰戊菊酯乳油1 500倍液，或用2.5%溴氰菊酯乳油2 000倍液，或用20%甲氰菊酯乳油3 000倍液，或用48%毒死蜱乳油1 000倍液，或用5%氟啶脲乳油2 000倍液，每667m²喷施前述稀释药液50～60kg，均有较好防效，交替用药2～3次效果更佳，同时，可兼治其他鳞翅目害虫。

七、豆荚螟

1. 为害症状

豆荚螟为大豆重要害虫之一，各地均有发生，在河南、山东等省为害最重。以幼虫在豆荚内蛀食籽粒，被害籽粒轻则蛀或缺刻，重则蛀空，被害籽粒内充满虫粪，发褐以致霉烂。黄淮流域一年发生5～6代，主要以蛹在表土中越冬，翌年5月底至6月初始见成虫，以2～4代为田间的主要为害代。

成虫

幼虫

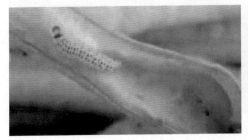

被害状

2. 防治方法

（1）农业防治。调整播种期，错开寄主开花期与成虫产卵盛期，可压低虫源，减轻为害；收获后播种前，及时清除田间残茬、病株及寄生杂草并深耕翻，减少虫源基数；利用成虫较强的趋光性，设置黑光灯+糖醋液诱杀成虫，可以减少豆田的落卵量，减轻为害。

（2）种子处理。选用抗虫品种或种植转基因品种能有效减轻虫害。

（3）药剂防治。防治豆荚螟的最佳适期是大豆始花期至盛花期，即豆荚螟的孵化盛期到低龄幼虫期（3龄前），在始花期、孵化盛期每667m^{2}用10%高效氯氰菊酯15～20mL，或用20%氰戊菊酯乳油20～40mL，或用20%氰戊菊酯乳油20mL，或用2.5%溴氰菊酯乳油20mL，或用1.8%阿维菌素乳油20mL各对水30～50kg喷雾；或用2.5%氯氟氰菊酯乳油2 000倍液，或用10%氯氰菊酯乳油3 000倍液，或用80%敌敌畏乳油1 000倍液，或用50%杀螟硫磷乳油1 000倍液均匀喷雾，每667m^{2}用稀释液60kg左右。

八、大豆黑潜蝇

1. 为害症状

大豆黑潜蝇属双翅目、潜蝇科，是分布范围较广的豆科蛀食害虫，孵化的幼虫经叶脉，叶柄的幼嫩部位钻蛀入分枝、主茎，蛀食髓部及木质部为害早，造成茎秆中空，受害植株叶片发黄脱落，比健株明显矮化。成株期受害，造成花、荚、叶过早脱落，千粒重降低而减产。若防治不及时，豆株受害率可达25%～35%，重发年份受害率可达95%～100%；受害轻的植株矮弱、分枝和荚数少、豆粒小，受害重的整株枯萎、折断，造成严重减产。黄淮流域黑潜蝇一年可发生4代，尤其是2～3代数量大为害重，幼虫盛期在6月下旬，成虫盛期在7月下旬末8月初，蛀食为害初花期——盛花期，或大豆末花期至初荚期亦是为害盛期。9月中旬，为害晚播大豆和绿豆。

2. 防治方法

（1）农业防治。选用抗虫、早熟高产品种；不误农时早播，提高植株的抗虫性，以减轻受害程度；及时清理田园内的落花、落蕾、和落荚、病残植株体，以免转移为害。增施腐熟有机肥，适时间苗。

成虫

幼虫

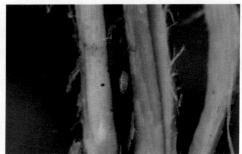

被害状

（2）药剂防治。在成虫盛发期和初卵幼虫蛀食前，可采用10%吡虫啉可湿性粉剂15～20g/667m²，也可用50%辛硫磷乳油50mL/667m²，1.8%阿维菌素乳油10～15mL对水50kg均匀喷洒，防效较好。

在大豆盛花期，防治指标为平均每株有虫1头时施药，可选用90%灭多威可湿性粉剂3 000倍液，或用90%晶体敌百虫1 000倍液，或用2.5%溴氰菊酯乳油1 500～2 000倍液，或用20%菊·马乳油2 000倍液，交替用药，每10d喷洒1次，连喷2～3次防效更佳。

第八章
花生病虫害

第一节　花生病害

一、花生立枯病

1. 症状与为害

花生立枯病又称叶腐病、烂叶子病，主要分布在北方和长江流域花生产区。在花生各生育期均可发生，主要发生在苗期，容易造成烂种和苗枯；在中后期植株受害造成叶片枯萎腐烂，严重影响花生产量。受害花生一般减产10%～20%，严重地块减产30%以上。花生播后出苗前染病致种子腐烂而不能出土；幼苗染病时，近地基部发生黄褐色凹陷病斑，病斑绕茎扩展终致幼苗直立枯死；中后期发病，中下部叶片受害较重，叶片受害后产生暗褐色病斑，遇高温高湿病斑加速扩展，导致叶片黑褐色卷缩干枯。根系染病，多数呈腐烂状；菌丝不断扩展蔓延，还可侵染入土果针和荚果，在受病部位产生灰白色棉絮状菌丝体，并形成灰褐色或黑褐色小菌核粒，致荚果腐烂，种仁品质下降，严重时造成整株枯死。

2. 防治方法

（1）农业防治。避免连作或与纹枯病重的水稻田轮作，不偏施过施氮肥，增施磷钾肥。搞好排灌系统，及时排除积水，降低田间湿度。合理密植，推行高畦深沟栽培。注意田间卫生，收获时彻底清理病残物烧毁，切勿堆沤作肥。

病苗

病株

（2）化学防治。拌种前可将种子先浸湿或浸24小时后沥干，再用种子重量0.3％的50％多菌灵拌种，或用种子重量0.5％的50％多菌灵，或用40％三唑酮多菌灵或45％三唑酮福美双可湿粉按种子重量0.3％拌种，密封24小时后播种。发病初期用50％三福美可湿性粉剂600倍液叶面喷雾，或用70％甲基硫菌灵可湿性粉剂1 000倍液，用5％井冈霉素水剂1 500倍液，或用15％恶霉灵水剂450倍液，或用58％甲霜灵·锰锌可湿性粉剂600倍液，或用5％井冈霉素水剂800～1 000倍液，每667m²用药液30～45kg，每隔7～10d喷1次，共喷2～3次，喷足淋透。花生结果期发病，可叶面喷施25％多菌灵可湿性粉剂500～600倍液喷雾，或喷施1：2：200的波尔多液，每隔10d喷1次，连喷2～3次，可防止花生徒长、倒伏和郁闭，减轻花生立枯病的发生。

二、花生冠腐病

1. 症状与为害

花生冠腐病又称花生黑霉病、曲霉病等，在河南省各地均有发生。主要为害茎基部，也可为害种仁和子叶，造成死棵或烂种。病害造成缺苗断垄，一般发病地块花生缺苗10%以下，严重地块可达30%以上。产区发病率达20%～30%，高的达60%。花生茎基部染病先出现稍凹陷黄褐斑，边缘褐色，随着病斑扩大后表皮组织纵裂，呈干腐状，最后仅剩破碎纤维组织，维管束的髓部变为紫褐色。病部长满黑色霉状物，即病菌分生孢子梗和分生孢子。病株地上部呈失水状，叶片对合，失去光泽很快枯萎而死。果仁染病腐烂且不能发芽，长出黑霉。侵染子叶与胚轴接合部，使子叶变黑腐烂。

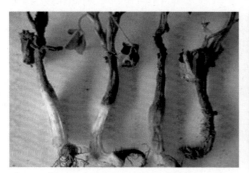
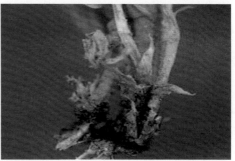

冠腐症状

枯萎死亡症状

2. 防治方法

（1）农业防治。选用抗（耐）病品种、无病种子，无病田留种，适时早收，及时晒干，防止种子发霉，播种前精选晒种；提倡与小麦、玉米、高粱、谷子、甘薯等非寄主植物实行2~3年轮作；轻病地可实行隔年轮作。适时播种，播种不宜过深；施用充分腐熟的有机肥，增施磷钾肥，避免偏施氮肥；雨后及时排除积水，播种后遇雨及时松土；清除病残体，深翻土壤。

（2）化学防治。播种前种子处理，按种子重量可选用0.6%~0.8%的2.5%咯菌腈悬浮种衣剂，或用0.04%~0.08%的35%精甲霜灵种子处理乳剂，或用1.7%~2%的25%多·福·毒死蜱悬浮种衣剂，或用0.2%~0.4%的3%苯醚甲环唑悬浮种衣剂，或用0.1%~0.3%的50%异菌脲可湿性粉剂，或用2%~2.5%的15%甲拌·多菌灵悬浮种衣剂，或用0.1%~0.3%的12.5%烯唑醇可湿性粉剂等包衣或拌种。花生齐苗后至开花前，或发病初期，当病穴（株）率达到5%时，用50%多菌灵可湿性粉剂600~800倍液，或用50%苯菌灵可湿性粉剂600~800倍液，或用70%甲基硫菌灵可湿性粉剂600~800倍液等，喷淋花生茎基部或灌根，使药液顺茎蔓流到根部；或选用12.5%烯唑醇可湿性粉剂1 000~2 000倍液，或用20%三唑酮乳油1 500~2 000倍液，或用40%丙环唑乳油2 000~2 500倍液或25%戊唑醇水乳剂1 500~2 000倍液等，均匀喷雾或喷淋花生茎基部，每667m²喷药液40~50kg，或每穴浇灌药液0.2~0.3kg，发病严重时，间隔7~10d防治1次，连续防治2~3次，药剂交替施用，药液喷足淋透。

三、花生茎腐病

1. 症状与为害

花生茎腐病俗称烂脖子病，是花生的常见病害，在全国各花生产区均有分布，一般发生在中后期，有6月中下旬的团棵期和8月上中旬的结果期2个盛期，感病后很快枯萎死亡，后期感病者果荚往往腐烂或种仁不满，造成严重损失，一般田地发病率为20%~30%，严重者达到60%~70%，特别是连作多年的花生地块，甚至成片死亡。该病主要为害花生茎基部，病菌从子叶或幼根侵入植株，在根颈部产生黄褐色水渍状病斑，渐向四周发展，最后变黑褐色，在干旱条件下病部表皮呈琥珀色凹陷，紧贴茎上，茎基狭缩成环状坏死，当潮湿环境雨天或田间土壤湿润的情况下，茎基组织腐烂引起根基组织腐烂。病部产生分生孢子器（即黑色小突起），病部表皮易剥落，纤维组织外露。成株期感病后，10~30d全株枯死，发病部位多在茎基部贴地面，有时也出现主茎和侧枝分期枯死现象。苗期至开花下针期发病，植株水分和营养运输受影响，生长停滞，叶色变深无光泽，进而叶片半凋萎，植株缓慢枯死；荚果膨大成熟期发病，植株很快枯萎、死亡，茎基腐烂，并向上向下延伸，造成花生茎和果荚腐烂。

茎腐症状

枯萎症状　　　　　　　　　　　死亡症状

2. 防治方法

（1）农业防治。选种、晒种选用抗（耐）病品种、无病种子，无病田留种，防止种子受潮发霉，做好种子选留和晒藏工作，避免种子发霉；贮藏期和播种前应对种子进行暴晒。与禾谷类等非寄主作物实行2~3年轮作，可收到良好的防病效果。因地制宜适当调节播种期；整治排灌系统，提高植地防涝抗旱能力；实施配方施肥，增施磷钾肥；精细整地，注意播种深度和覆土，促种子早萌发出土。收获时彻底清园，收集病残体并集中烧毁，勿用病秧堆沤肥，不要施用带病残体的土杂肥。

（2）化学防治。种植前每5kg种子用2.5%咯菌腈10mL或6%戊唑醇10mL对水50mL包衣，能有效控制苗期病害的发生；或用70%甲基硫菌灵可湿性粉剂，或用50%多菌灵可湿性粉剂按种子量的0.5%，用25～30kg水稀释成药液，倒入50kg种子浸种24小时，中间翻动2～3次，使种子把药液吸入；也可用50%多菌灵或70%甲基硫菌灵可湿性粉剂按种子量的0.5%，掺入细土1.5～2kg分层喷水撒药，拌匀催芽播种。当田间开始发病时，在第二对分枝萌发期可用70%甲基硫菌灵可湿性粉剂800倍液，或用50%多菌灵800倍液或12.5%烯唑醇可湿性粉剂1 500倍液或25%菌百克1 500倍液，每667m²用药液50～75kg。喷洒灌注根茎部，连续2次，间隔7～10d，可有效防控开花下针期发病。

四、花生根腐病

1. 症状与为害

花生根腐病俗称鼠尾、烂根病等，河南省均有零星发生。花生各生育期均可发病，主要为害植株根部，也可为害果针与荚果。开花结荚盛期发病严重，引起花生烂种、根腐、死棵、烂荚，选成缺株断垄，一般发病率约10%，重者可达20%～30%。花生出苗前被花生根腐病病原菌侵染，萌发种子受害，造成烂种、烂芽，严重影响出苗率；苗期受害表现为根腐、植株黄化并且矮小枯萎，受侵染植株通常3～4d枯死，造成缺苗、断垄；花生开花下针期受侵染，病株地上部表现矮小、黄化，叶片由下而上变黄，且极易脱落，终致全株枯萎。由于本病发病部位主要在根部及维管束，使病株主根侧根变褐腐烂，维管束变褐，主根皱缩干腐，形似老鼠尾状，患部表面有黄白色至淡红色霉层（病菌的分生孢子梗及分生孢子）；土壤湿度大时，近地面根颈部可长出不定根，病部表面有病菌霉层，造成烂根。病菌为害进入土内的果针和幼嫩荚果，果针受害后荚果易脱落在土内。病菌和腐真菌复合感染荚果，可使得荚果腐烂，最终导致全株枯萎死亡。花生根腐病在花生各生育期中均可发生，苗期和生育后期最易感病，全生育期中在5月中下旬和8月中下旬出现2次发病高峰。

2. 防治方法

（1）农业防治。选用抗病品种，播种前晒种，筛选籽粒饱满、健康、均匀的种子。轻病田可隔年轮作，重病田应与小麦、玉米等禾本科作物搭配轮作，实施3～5年轮作。花生生长期和收获后要及时清除田间病株残体，减少菌源，控制来年发病。花生田应该旱能浇、涝能排；重施有机肥和磷钾肥，精细整地；尽量减少农事操作对花生各生育期的损伤。

苗期症状

病株　　　　　　　　　　　　田间症状

（2）药剂防治。播前每667m²沟施50%甲基硫菌灵100g，或用50%多菌灵可湿性粉剂100mL加水少许拌种20kg进行土壤消毒处理。苗期每隔10d利用70%甲基硫菌灵可湿性粉剂800倍液进行喷雾预防。同时，加强花生田田间调查，田间一旦发现病株，及时清除烧毁，并随即利用70%甲基硫菌灵可湿性粉剂800倍液进行灌根处理对其周围进行消毒处理。特别是持续低温天气时，每5~7d灌根1次；成株期，如遇大雨骤晴，应及时利用40%杜邦福星乳油8 000倍液进行灌根处理，可用50%多菌灵可湿性粉剂或70%甲基硫菌灵可湿性粉剂1 000倍液，667m²用药剂50~75kg，隔7~15d 1次，喷足淋透。花生收获期，及时清除病残体。

五、花生叶斑病

1. 症状与为害

花生叶斑病是真菌性病害，在全国各地均有分布，是威胁花生生产的重要病害，主要包括褐斑病、黑斑病、网斑病。主要发生在叶片上，叶柄、托叶，茎上也能受害。先在下部较老叶片上开始发病，逐步向上部叶片蔓延，发病严重时在茎秆、叶柄、果针等部位均能形成病斑。叶片上初生褐色小点，后扩大为圆形或近圆形病斑或不规则形褐色或淡褐色斑，叶片正面老病斑的周围往往有明显的淡黄色晕圈，潮湿时病斑上也产生灰褐色的霉层。花生生长后期如多雨潮湿，发病严重，常混合发生，每张叶片病斑可达数十个，可相互合并形成不规则形的大斑，使叶片提早脱落，导致早衰，使饱果率降低，花生减产十分严重，一般减产10%～20%，严重的减产30%～35%。

病叶及大田症状

2. 防治方法

（1）农业防治。选用抗病品种；合理施肥，采用配方施肥技术，多施有机肥，增施磷钾肥，提高抗病力；与其他作物轮作2～3年；要适时播种、合理密植，促进花生健壮成长；实行麦套花生、地膜覆盖、及时翻耕土地、收获后及时清扫落叶烧掉，降低地表面菌源等措施，减少菌源积累。遇涝要及时排水，降低田间湿度，促进花生健壮生长，以提高花生抗病能力。

（2）药剂防治。发病初期当病叶率达10%～15%时开始施药，喷洒50%多菌灵可湿性粉剂900～1 000倍液，或用70%甲基硫菌灵可湿性粉剂1 000倍液，或用70%代森锰锌可湿性粉剂400～500倍液，或用25%丙环唑乳油1 000～1 500倍液，间隔15～20d用药1次，连防2～3次。喷药时宜加入0.2%洗衣粉做黏着剂，通过喷药可大幅度减少病叶、落叶，提高荚果饱满度，增加品质，提高产量。

六、花生焦斑病

1. 症状与为害

花生焦斑病又称早斑病、叶焦病、枯斑病。主要为害叶片，也可为害叶柄、茎秆和果针。花生叶片受害，先从叶尖或叶缘发病，病斑楔形或半圆形，由黄变褐，边缘深褐色，周围有黄色晕圈，后变灰褐、枯死破裂，状如焦灼，上生许多小黑点即病菌子囊壳。叶片中部病斑初期褐色小点，后扩大成近圆形褐斑。茎及叶柄染病，病斑呈不规则形，浅褐色，水渍状，上牛病菌的了囊壳。急性发作可造成整叶黑褐色枯死。河南省各地均有发生，近年发生渐趋严重。通常在花生花针期开始发生，严重时田间病株率可达100%，在急性流行情况下，可在很短时间内引起植株大量叶片枯死，造成花生严重减产。病原菌为子囊菌亚门真菌，高温高湿有利于病害的发生，植株生长衰弱时易发病，田间湿度大、土壤贫瘠、偏施氮肥的地块发病重。

2. 防治方法

（1）农业防治。因地制宜选种抗（耐）病品种或无病种子；与小麦或玉米进行轮作；适时播种，合理密植；施足基肥，增施磷钾肥，增强植株抗病力；雨后及时排水降低田间湿度；清除病株残体、深翻土地。

（2）药物防治。在发病初期，当田间病叶率达到10%以上时，及时喷洒药剂进行防治。用药同花生叶斑病。

花生焦斑病症状

七、花生青枯病

1. 症状与为害

花生青枯病是细菌性病害，在我国长江流域、山东省、江苏省及河南省南部等地发生较普遍，为害较重。花生青枯病是典型的维管束病害，主要自花生根茎部开始发生。特征性症状是植株急性凋萎和维管束变黑褐色，条纹状。花生感病初期顶梢第二片叶首先表现失水萎蔫，早晨叶片张开晚，傍晚提早闭合。随后病势发展，全株叶片自上而下急速凋萎下垂，叶片变为灰绿，病株拔起可见主根尖端变褐湿腐，根瘤呈墨绿色，根部横切面可见环状排列的浅褐色至黑色小点，根部纵切面可见维管束变为淡褐色至黑色，湿润时用手挤压可见菌脓流出。一般植株从发病到枯死需1~2周。从苗期到收获期均可发生，但以花期发病最重。病田发病率一般10%~20%，严重的达50%以上，甚至整片枯死。损失程度因发病早晚而异，结荚前发病损失达100%，结荚后发病损失达60%~70%，收获前半个月发病的损失可达20%~30%。

维管束呈淡褐色及病株症状

2.防治方法

（1）种子处理。根瘤菌接种，搞好花生根瘤菌接种，提高花生的抗病能力，1kg花生种子拌花生根瘤菌水剂3.5～4mL，拌种时不需要加水，拌匀晾干播种。接种了花生根瘤菌的种子不能直接放在阳光下曝晒，要放在阴凉处晾干，并要当天播完，存放不能超过12小时。没有用根瘤菌接种的花生种子可用50%多菌灵可湿性粉剂按种子重量的0.5%比率进行拌种，或用咯菌腈10mL拌5kg种子。

（2）农业防治。选用抗病品种，推广轮作技术。北方旱地可与禾谷类等非寄主作物轮作，轻病田实行1～3年轮作，重病田实行4～5年轮作；南方可与水稻实行水旱轮作。发病初期及时拔除病株，收获后清除田间病残。深耕土壤，增施有机肥和磷钾肥，促使植株生长健壮；雨后及时排水，防止田间湿度过大。

（3）药剂防治。对发病较重的地块，在花生播种前开沟作厢时667m²用95%敌克松可溶性粉剂1.5kg对土壤进行消毒灭菌；播种时用25%敌枯双25g/667m²，配成药土播种时盖种，均有一定的防病效果。发病初期喷施100~200mg/kg的农用链霉素，每隔7~10d喷1次，连续喷3~4次，或用25%敌枯双、14%络氨铜或10%浸种灵灌根。齐苗后、开花前和盛花下针期分别喷淋药剂1次，着重喷淋茎基部。药剂可选用70%甲基硫菌灵可湿性粉剂、75%百菌清可湿性粉剂（1∶1）1 000~1 500倍液，或用30%氧氯化铜、70%代森锰锌可湿性粉剂（1∶1）1 000倍液，或用65%多克菌可湿性粉剂600~800倍液进行喷淋防治。在花生盛花期或者田间发现零星病株时立即进行药物预防和控制。每667m²可用20%青枯灵可湿性粉剂100g对水60kg喷淋根部，或用14%络氨铜水剂300倍液喷淋根基部，每隔7~10d喷1次，连续喷3~4次，有很好的防治效果。

八、花生病毒病

1.症状与为害

花生病毒病是花生上的一类重要病害，种类较多，河南省普遍发生。带毒种子和田间其他越冬的带毒寄主成为翌年的初侵染源，主要靠蚜虫传毒，汁液摩擦也可传毒。主要有黄化叶病毒病、矮化病毒病、斑驳病毒病等，其中，以黄化病毒病流行最广。花生病毒病是系统性侵染，感病后往往全株表现症状，黄花型叶病毒病叶片小而变形，出现褪绿小黄斑及绿色明脉症状，叶缘黄褐色镶边。矮化型病毒病病株严重矮小，单叶叶片变小，叶色浓绿，茎枝节间缩短。斑驳型病毒病初在嫩叶上出现深绿与浅绿相嵌的斑驳、斑块或黄褐色坏死斑，或深绿色斑块。以上几种病毒病常混合发生，表现出黄斑驳、绿色条纹等复合症状，不易区分。一般发生年份病株率20%~50%，减产5%~20%，大发生年份病株率90%以上，减产30%~40%，早期感病株减产30%~50%。

黄花型症状

矮化型症状

斑驳型症状 复合症状

2.防治方法

（1）农业防治。选种抗病和种子传毒率低的品种；无病田或无病株留种，精选种子；推广地膜覆盖栽培技术，选用银灰地膜驱避蚜虫；实行花生与玉米等高秆作物间作；及时拔除病株，清除周围杂草及其他蚜虫寄主，集中烧毁。

（2）药剂防治。及时治蚜防病，防治病毒病的药剂与杀虫剂混用，可显著提高防治效果。在发病前或发病初期，可选用10%混合脂肪酸水乳剂50～100倍液，或用0.5%几丁聚糖水剂200～400倍液，或用6%烯·羟·硫酸铜可湿性粉剂200～400倍液，或用0.5%菇类蛋白多糖水剂200～400倍液，或用24%混酯·硫酸铜水乳剂400～600倍液等均匀喷雾，667m²喷药液40～50kg；或每667m²选用5%葡聚烯糖可湿性粉剂60～80g，或用4%嘧啶核苷类抗生素水剂60～80g，或用50%氯溴异氰尿酸可溶粉剂60～80g，或用40%烯·羟·吗啉胍可溶粉剂100～150g，或用8%宁南霉素水剂80～100mL，或用20%盐酸吗啉胍可湿性粉剂150～250g，或用6%烷醇·硫酸铜可湿性粉剂100～150g，或用2%氨基酸寡糖素水剂150～250mL，或用1.8%辛菌胺醋酸盐水剂150～250mL，或用2.2%烷醇·辛菌胺可湿性粉剂150～250g等，加水40～50kg均匀喷雾，每隔7～10d喷1次，连喷3～4次。

九、花生锈病

1.症状与为害

花生锈病在河南省各地均有发生，近年呈扩展蔓延加重趋势。花生各生育期均可发病，主要为害花生叶片，也可为害叶柄、托叶、茎秆、果针和荚果。发病初期，首先叶片背面出现针尖大小的白斑，同时相应的叶片正面出现黄色小点，以后叶背面病斑变成淡黄色并逐渐扩大，呈黄褐色隆起，表皮破裂后，用手摸可粘满铁锈色末。严重时，整个叶片变黄枯干，全株枯死，远望似火烧状。但以结荚后期发生严重，引起植株提前落叶、早熟，造成花生减产、出油率下降。发病越早，损失越重，一般减产约15%，重者可减产50%。

病叶症状

2. 防治方法

（1）农业防治。选用抗（耐）病品种；与小麦、玉米等禾本科作物实行1~2年轮作；及早处理秋花生病藤和落粒自生苗，以减少菌源；加强栽培管理，创造有利植株生长、不利病菌侵染的生态环境。包括适时播种，合理密植，配方施肥，增施磷、钾、钙肥；高畦深沟栽培，整治排灌系统，雨后及时清沟排渍降湿等。

（2）化学防治。应于初花期开始定期检查植株下部叶片，发现中心病株及时喷药封锁。发病初期病叶率5%时，可选用15%的三唑酮可湿性粉剂1 000倍液，或用15%三唑醇可湿性粉剂1 000倍液，或用40%三唑酮多菌灵1 000～1 500倍液，或用30%氧氯化铜+75%百菌清（1∶1）1 000倍液，或用50%三唑酮·硫黄悬浮剂，隔7～15d 1次，连喷2～3次，前密后疏，交替施用。喷药时加入0.2%的黏着剂（如洗衣粉等），有增效作用。

十、花生菌核病

1. 症状与为害

花生菌核病又称花生白绢病、菌核性基腐病、白脚病、菌核枯萎病、菌核根腐病，是真菌性病害。病菌主要侵染花生根、荚果及茎基部，初呈褐色软腐状，地上部根茎处有白色绢状菌丝（故称白绢病），病部渐变为暗褐色而有光泽。植株茎基部被病斑环割而死亡。在高湿条件下，染病植株的地上部可被白色菌丝束所覆盖，然后扩展到附近的土面而传染到其他的植株上。在极潮湿的环境下，菌丝簇不明显，而受害的茎基部被具淡褐色乃至红色软木状隆起的长梭形病斑所覆盖。在干旱条件下，茎上病痕发生于地表面下，呈褐色梭形，长约0.5cm。并有油菜子状菌核，茎叶变黄，逐渐枯死，花生荚果腐烂。该病菌在高温高湿条件下开始萌动，浸染花生，沙质土壤、连续重茬、种植密度过大、阴雨天发病较重。多发生在花生成株期的下针至荚果形成期，7—8月为发病盛期，一般在花生荚果膨大至成熟期才表现出症状，造成植株枯萎死亡。在河南省局部发生，南部较重，近年为害渐趋严重。一般为零星发生，病株率在5%以下，严重地块可高达30%以上。

2. 防治方法

（1）农业防治。与水稻、小麦、玉米等禾本科作物进行3年以上轮作；施用腐熟有机肥，改善土壤通透条件；春花生适当晚播，苗期清棵蹲苗，提高抗病力；收获后及时清除病残体，深翻土地，减少病原菌数量；加强田间管理，连续阴雨天和下湿田块要及时排水。

花生菌核病症状

（2）药剂防治。选用无病种子，用种子重量0.5%的50%多菌灵可湿性粉剂，或用种子重量0.3%的70%甲基硫菌灵可湿性粉剂1 000倍液，或用种子重量0.3%的25%溴菌清可湿性粉剂600倍液，或用种子重量0.3%的80%炭疽福美可湿性粉剂600倍液等加适量刹虫剂拌种，密闭24小时后播种。或用50%福美双可湿性粉剂加15倍细土制成药土盖种，每穴用药土75g。

发病初期可喷淋50%苯菌灵可湿性粉剂、或用50%腐霉利可湿性粉剂、20%甲基立枯磷乳油1 000 ~ 1 500倍液，或用50%异菌脲可湿性粉剂，每株喷淋对好的药液100 ~ 200mL。每667m^{2}用25%咪鲜胺乳油30mL对水30 ~ 40kg喷雾，发病较重田块隔5 ~ 7d再喷1次。还可用50%异菌脲可湿性粉剂1 000倍液与50%多菌灵可湿性粉剂600 ~ 800倍液混配施用，防治效果显著。

十一、花生根结线虫病

1. 症状与为害

花生根结线虫是花生上的一种毁灭性病害，在河南省局部发生。主要为害根部，当主根开始生长时，线虫便可侵入主根尖端，一般出土半个月后即可表现症状，植株萎缩不长，下部叶变黄，始花期后，整株茎叶逐渐变黄，叶片小，底叶叶缘焦灼，提早脱落，开花迟，病株矮小，似缺肥水状，田间常成片成窝发生。雨水多时，病情可减轻。也可为害果壳、果柄和根茎等。花生整个生长期均可发生，病株在田间常成片分布，地上部分生长发育不良，呈缺肥、缺水状，一般减产20%～30%，重者减产70%以上，甚至绝收。

病根

叶部症状   病株与健株

2. 防治方法

（1）农业防治。选育和利用抗病品种、无病种子，贮藏、播种前充分晾晒；保护无病区，不从病区调运花生种子；如确需调种时，应在当地剥壳只调果仁，并在调种前将其干燥到含水量10%以下，调运其他寄主植物也实施检疫。与玉米、谷子、小麦等禾本科和甘薯等非寄主作物实行轮作，水旱轮作，效果更好；增施腐熟有机肥，减少化肥用量，提高抗病力；改善灌溉条件，忌串灌，防止浇水传播；及时清除田内外杂草，病田就地收刨、单收单打，深刨病根，集中烧毁病残体，减少扩散传播。

（2）化学防治。抓住播种时药剂沟施或穴施、出苗后1个月时（侵染盛期）药剂灌根两个关键措施。播种前线虫密度达到幼虫（卵）30条（粒）/kg土壤时，要及时进行药剂防治。播种时，每667m²可选用15%阿维·吡虫啉微囊悬浮剂0.3 ~ 0.5kg，或用40%三唑磷乳油1 ~ 2kg，或用1.5%阿维菌素颗粒剂1 ~ 2kg，或用10%硫线磷颗粒剂4 ~ 6kg，或用10%克线磷颗粒剂4 ~ 6kg，或用3%克百威颗粒剂4 ~ 6kg，或用10%灭线磷颗粒剂4 ~ 6kg，或用5%丁硫·毒死蜱颗粒剂6 ~ 10kg等，也可选用2.5亿个孢子/g厚孢轮枝菌微粒剂1.5 ~ 2kg、5亿活孢子/g淡紫拟青霉颗粒剂2.5 ~ 3.5kg等生物制剂，加细土20 ~ 25kg拌匀制成毒土，撒施于播种沟或穴内，覆土后播种，或进行15 ~ 25cm宽的混土带施药。花生出苗后1个月时，可选用25%阿维·丁硫水乳剂1 000 ~ 2 000倍液灌根，或每667m²选用3%阿维菌素微囊悬浮剂0.5 ~ 1kg，加水200 ~ 300kg灌根。

十二、花生果腐病

1. 症状与为害

花生果腐病又称花生烂果病，是花生上的土传病害，常和其他病虫害混合发生。并呈加重趋势，局部为害严重。花生结荚到收获期均可发病，田间多呈整株或点片发生，造成荚果腐烂，一般减产15% ~ 20%，重者减产50%以上，甚至绝收。花生果腐病主要为害花生荚果，也可为害果柄。不同发育阶段的荚果均可受害。多数荚果在果嘴端先受害，果壳表层先出现黄褐色至棕褐色的不规则形病斑，后向深层和四周扩展，可环绕荚果一周，造成整个或半个荚果变褐色或黑色腐烂。果仁与果壳分离，变褐色至黑色腐烂，干燥后呈黑粉状，或籽粒干瘪色泽发暗或发芽。受害果柄土中部分变褐色腐烂，造成荚果脱落或发芽。湿度大时，部分果壳内外或果仁表面出现灰白色、浅绿色、褐色或黑色等菌丝体或霉层。病体地上部分与正常植株没有明显异常。

病果

2. 防治方法

（1）农业防治。选用抗（耐）病品种或无病种子，推广抗逆性和丰产性较好的品种，精选种子；合理轮作，可与小麦、玉米、谷子、甘薯、蔬菜等作物轮作，重病田实行3～5年轮作；配方施肥，施用充分腐熟有机肥，减少氮肥，增施钙、锌、硼、硫、锰、钼等中微量肥和生物菌肥，增加土壤有益菌的含量；选在地势高、土壤疏松、排水良好的地块起垄种植花生，忌大水漫灌、串灌，雨后及时清沟排渍；及时清除果壳等病残体，集中烧毁。

（2）化学防治。结合耕翻土壤，每667m²可选用70%甲基硫菌灵可湿性粉剂2～3kg，或用80%多菌灵可湿性粉剂2～3kg，或用40%五氯硝基苯粉剂5～7kg，或用50%福美双可湿性粉剂等2～3kg等，加细土拌匀后，均匀撒施于土中，以消灭土壤中病菌。播种前，可选用种子重量0.3%～0.8%的25%噻虫·咯·霜灵悬浮种衣剂，或用1.7%～2%的25%多·福·毒死蜱悬浮种衣剂，或用1.7%～2.5%的18%辛硫·福美双种子处理微囊悬浮种衣剂。或选用30%毒死蜱微胶囊悬浮剂

210～300mL，或用600g/L吡虫啉悬浮种衣剂30～45mL加350g/L精甲霜灵种子处理乳剂5～12mL，或用3%苯醚甲环唑悬浮种衣剂30～50mL，或用25g/L咯菌腈悬浮种衣剂80～120mL等，混合拌花生种子12.5～15kg。拌种时加入含有解淀粉芽孢杆菌等菌肥，防治效果更佳。花生结荚初期或发病初期，可选用3%多抗霉素水剂100倍液，2亿活孢子/g木真菌可湿性粉剂200～300倍液，或用50%多菌灵悬浮剂600～800倍液，或用3%甲霜·噁霉灵水剂300～500倍液，或用1%甲嗪霉素悬浮剂600～800倍液，或用20%甲基立枯磷乳油600～800倍液，或用80%乙蒜素乳油1 000～1 500倍液，或用50%苯菌灵可湿性粉剂800～1 000倍液，或用12.5%烯唑醇可湿性粉剂1 000～1 500倍液等，灌根或喷淋花生茎基部，每穴浇灌喷淋药液0.2～0.3kg，间隔7～10d防治1次，连续防治2～3次，药剂交替施用，药液喷足淋透。

第二节　花生虫害

一、蛴螬

1. 为害症状

蛴螬是鞘翅目金龟甲科幼虫的总称，是花生生产上一种主要害虫，而且同一地区多种混合发生。大黑腮金龟、暗黑腮金龟、铜绿丽金龟在全国各地较为普遍发生。蛴螬常在花生的结荚期咬食果实，严重为害花生地下果实和根茎，造成空果和死苗，大大降低花生的商品价值，一般减产20%左右，重者减产50%以上。由于栽培措施不当、连年种植以及蛴螬抗药性的增强，使部分地块虫害连年加重，因此，做好花生蛴螬的防治工作，是确保花生生产的重要措施之一。

蛴螬为害症状

2. 防治方法

（1）预测预报。由于蛴螬为土栖害虫，具有隐蔽性，一旦发现为害就已经错过最佳防治时期，因此，对蛴螬必须加强预测预报工作，加强宣传，在最佳防治时期内达到理想防效。

（2）物理防治。诱杀成虫，每亩放置1个金龟甲性诱捕器诱杀金龟甲。每亩用生物食诱剂100mL，与水按1∶1配比，然后以每L生物食诱剂200g/L氯虫苯甲酰胺5mL，混合均匀后使用诱杀金龟甲。选择成虫比较多的果园、林地、苗圃等地，安装使用黑光灯和频振式杀虫灯，每2hm²放置1台，傍晚至黎明开灯诱杀成虫，将金龟子在出土高峰至产卵前消灭，减少田间落卵量。

（3）农业防治。尽量选用黄沙地，不要选择壤土地。冬季深翻土壤，精耕细作，采用合理的耕作制度，在有条件的地方进行水旱轮作。合理施肥，施用有机肥，适当控制氮肥适用量，增施磷、钾及微肥，促进花生健壮生长，提高花生抵抗病虫害的能力。从7月下旬至8月上旬，到花生进入需水临界期，也是蛴螬的为害盛期，可结合浇水淹杀。可利用田边地头、村边、沟渠附近的零散空地种植蓖麻，可毒杀取食的成虫，降低成虫的基数。在花生收获和犁地时，及时捡拾蛴螬，集中杀灭。

（4）药剂防治。播种前每亩用600g/L吡虫啉种衣剂30mL+2.5%咯菌腈种衣剂50mL拌种，或用25%噻虫·咯·霜灵悬浮种衣剂500mL预防蛴螬、蚜虫、茎基腐病；开花下针期每亩用300g/L的苯甲·丙环唑乳油40mL+200g/L氯虫苯甲酰胺15mL，对水喷雾，有效控制蛴螬的为害。

二、花生叶螨

1. 为害症状

花生叶螨主要为朱砂叶螨和二斑叶螨。华北每年发生10～15代，南方20代以上，以成螨在土缝、花生田边的杂草根际或树皮下吐丝结网越冬，往往成群团聚潜伏。翌年3月下旬开始活动，4月下旬至5月上旬迁入花生田为害，6—7月为发生盛期，对春花生可造成局部为害。7月中旬雨季到来，叶螨发生量迅速减少，8月若天气干旱可再次大发生，在花生荚果期造成为害。9月中下旬花生收获后迁往冬季寄生，10月下旬开始越冬。花生叶螨群集在花生叶的背面刺吸汁液，受害叶片正面初为灰白色，逐渐变黄，受害严重的叶片干枯脱落。在叶螨发生高峰期，由于成螨吐丝结网，虫口密度大的地块可见花生叶片表面有一层白色丝网，且大片的花生叶被连接在一起，严重地影响了花生叶片的光合作用，阻碍了花生的正常生长，使荚果干瘪，大量减产。

叶片被害症状

2. 防治方法

（1）农业防治。因地制宜选育和种植抗虫品种。秋冬季除草及灌溉，消灭越冬虫源，压低虫口基数。与非寄主植物进行轮作，避免与豆类、瓜类进行轮作。适时播种，合理密植；科学施肥，提高植株抗性；合理灌溉，防止过干；田间叶螨大发生时及时拔除被害株，避免叶螨在寄主间相互转移为害；花生收获后及时深翻，即可杀死大量越冬的叶螨，又可减少杂草等寄主植物；清除田边杂草，消灭越冬虫源。

（2）药剂防治。开花下针期，每667m²用1.8%阿维菌素乳油60mL对水喷雾，预防红蜘蛛。每667m²用73%克螨特乳油3 000倍液或5%氟虫脲乳油1 500倍液、50%硫悬浮剂300倍液、20%速螨酮乳油3 000倍液、15%哒螨灵乳油2 500倍液、1.8%爱福丁乳油抗生素杀虫杀螨剂5 000倍液1.8%阿维菌素乳油2 500倍液喷雾。

（3）生物防治。保护利用天敌，如叶螨的天敌有很多，如七星瓢虫、中华草蛉、草间小黑蛛等。这些天敌对花生叶螨分别起着不同程度的抑制作用。

三、新黑地珠蚧

1. 为害症状

花生新黑地珠蚧俗称钢球虫，属同翅目珠蚧科昆虫，是近年来花生田新发生的一种地下害虫，在花生主产区均有发生，一般田块减产20%～30%，严重田块可减产50%以上甚至绝收。雌成虫乳白色，近椭圆形；雄成虫黑褐色。雌成虫在土中做卵室，5月中旬开始产卵，卵成堆产在虫体后面，6月上中旬为产卵盛期，卵在6月下旬至7月上旬孵化。1龄幼虫油黄色，长椭圆形，长约1mm；2龄幼虫浅褐色，米粒状，直径1.5～6.0mm，体表被有蜡层，足及触角消失，但口器发达。1龄幼虫在土表活动10d左右，13：00—14：00最活跃，寻找寄主，而后用口针刺入花生根部固定下来，吸取植株汁液，对植株造成为害。自身足部和腹部逐渐退化，形成浅褐色圆形蚧体，形似钢球状，即2龄幼虫，2龄幼虫继续吸食并长大，蚧体色由浅而深，最后变成黑褐色，表皮坚硬，外披一层白色蜡质，并以此越冬。花生被蚧为害后地上部分生长不良，似缺水状，而后枯死。7月下旬重发田块会有零星死棵现象，8月死棵明显增多，直至收获。该虫除为害花生外，还可为害豆类作物。6—8月干旱少雨为害严重。

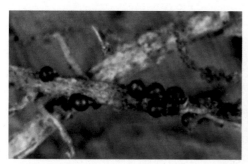 

根被害症状

缺水枯死症状　　　　　　　　　　　　　被害果

2. 防治方法

（1）农业防治。花生收获后及时捡拾蛛体，集中销毁，以减少越冬虫源；合理轮作，与花生、豆类以外的其他作物轮作；在6月上中旬卵盛期及时中耕、浇水，破坏卵室、降低虫卵孵化率。

（2）药剂防治。药剂防治重点是抓住6月下旬至7月上旬孵幼虫在地表活动这一关键时期，及时选用50%辛硫磷、20%噻嗪酮、90%敌百虫、40.7%毒死蜱等高效低毒农药，加水稀释800倍液装入去掉喷头的手动喷雾器内，逐墩灌入花生根部或10%辛拌磷粉粒剂每667m^{2}用量3kg加细土撒墩，施药后最好浇1遍水，防治效果可以达到70%～92%，保苗率达到80%～90%，防治较未防治增产22%以上，效果比较显著。

四、草地螟

1. 为害症状

草地螟成虫微淡褐色，体长9mm左右，前翅灰褐色，外缘有淡黄色条纹，翅中央近前缘有一深黄色斑，顶角内侧前有不明显的三角形浅黄色小斑，后翅浅灰黄色，有两条与外缘平行的波状纹。老熟幼虫20mm左右，1龄淡绿色，体背有许多暗褐色纹，3龄幼虫灰绿色，体侧有淡色纵带，周身有毛瘤。5龄多为灰黑色，两侧有鲜黄色线条。初孵幼虫多集中在枝梢上结网躲藏，取食叶肉，幼虫有吐丝结网习性，3龄前多群栖网内，3龄后分散栖息。分布于我国北方地区，年发生2～4代，以老熟幼虫在土内吐丝作茧越冬，翌春5月化蛹及羽化。

成虫　　　　　　　　　　　　　　　　　　　被害状

2. 防治方法

（1）农业防治。结合中耕除草灭卵，将除掉的杂草带出田外沤肥或挖坑埋掉。同时要除净田边地埂的杂草，以免幼虫迁入农田为害。在幼虫已孵化的田块，一定要先打药后除草，以免加快幼虫向农作物转移而加重为害。挖沟、打药带隔离，阻止幼虫迁移为害。在某些龄期较大的幼虫集中为害的田块，当药剂防治效果不好时，可在该田块四周挖沟或打药带封锁，防治扩散为害。

（2）药剂防治。尽量选择在低龄幼虫期防治。此时虫口密度小，为害小，且虫的抗药性相对较弱。防治时用45%丙溴辛硫磷1 000倍液，或用20%氰戊菊酯1 500倍液+5.7%甲维盐2 000倍混合液，或用40%啶虫脒1 500～2 000倍液喷杀幼虫，可连用1～2次，间隔7～10d。可轮换用药，以延缓抗性的产生。防治时，针对卷叶为害特点，需重点喷淋害虫为害部位，才能保证药效。

五、黄曲条跳甲

1. 为害症状

黄曲条跳甲成虫为黑褐色长椭圆形小甲虫。在我国北方一年发生3～5代，南方7～8代，以成虫在田间、沟边的落叶、杂草及土缝中越冬，越冬期间如气温回升10℃以上，仍能出土在叶背取食为害。越冬成虫于3月中下旬开始出蛰活动，在越冬蔬菜与春菜上取食活动，随着气温升高活动加强。4月上旬开始产卵，以后越每月发生1代，因成虫寿命长，致使世代重叠，10—11月，第六代至第七代成虫先后蛰伏越冬。春季1～2代（5—6月）和秋季5～6代（9—10月）为主害代，为害花生、蔬菜严重，但春节为害重于秋季，盛夏高温季节发生为害较少。

成虫

被害症状

2. 防治方法

（1）农业防治。冬前彻底清除菜田及周围落叶残体和杂草，播前7～10d深耕晒土；与菠菜、生菜、胡萝卜和葱蒜类蔬菜等作物轮作，尽量避免十字花科蔬菜重茬连作；有条件的地块可以铺设地膜，减少成虫在根部产卵。

（2）物理防治。结合防治其他害虫，使用黑光灯或者频振式杀虫灯诱杀成虫；在距地面25cm处放置黄色或者白色黏虫板，每667m²地30～40块，也可以较好地降低成虫数量。

（3）药剂防治。该虫转移为害能力强，防治应坚持区域田块统一防治。耕翻播种时，每667m²均匀撒施5%辛硫磷颗粒剂2～3kg，可杀死幼虫和蛹，持效期20d以上。种子包衣处理能够保护幼苗不受黄曲条跳甲幼虫为害，可选70%噻虫嗪可分散粉剂，或用5%氟虫腈种衣剂，药剂与种子的重量比为1∶10，拌匀晾干后播种；叶面喷雾杀灭成虫，可选25%噻虫嗪水分散粒剂、15%哒螨灵微乳剂、10%溴氰虫酰胺可分散油悬浮等药剂。

参考文献

北京市植物保护站主编. 1999. 植物医生实用手册[M]. 北京：中国农业出版社，12.

程卓敏主编. 2007. 植物保护与现代农业[M]. 北京：中国农业科学技术出版社，11.

丁宝章，王逐义，等. 1991. 河南农田杂草志[M]. 郑州：河南科学技术出版社，10.

封洪强，李卫华，刘文伟，等. 2015. 农作物病虫草害原色图解[M]. 北京：中国农业科学技术出版社，10.

管致和主编. 1995. 植物保护概论（农业高等院校教材）[M]. 北京：中国农业大学出版社，10.

何永梅. 2016. 花生立枯病的识别与防治[J]. 农村实用技术（3）：47.

河南省植保植检站主编，2015. 主要农作物病虫草鼠害简明识别手册河南农业病虫原色图谱（粮棉油卷、果实茶卷）[M]. 郑州：河南科学技术出版社，5.

江贤南. 2008. 甘薯瘟病发生及防治对策，福建农业（10）：20.

李洪连，于思勤，闫振领主编. 2007. 农作物植保管理月历[M]. 北京：中国农业科学技术出版社，11.

李洪连主编. 2008. 主要作物疑难病虫草害防控指南[M]. 北京：中国农业科学技术出版社，10.

刘清瑞，岳永祥，马光春. 1996. 锐劲特防治稻飞虱田间药效试验[J]. 河南职技师院学报，24（4）：77-78.

刘小珊. 2013. 花生茎腐病发生为害规律及综合防治技术[J]. 福建农业科技（7）：54-55.

罗忠霞，房伯平，张雄坚，等. 2008. 我国甘薯瘟病研究概况. 广东农业科学，增刊71-74

吕国强主编. 2015. 粮棉油作物病虫原色图谱[M]. 郑州：河南科学技术出版社，8.

马新中，赵刚，王宏臣. 2009. 花生叶斑病综合防治技术[J]. 安徽农学通报，15（8）：179-180.

农业部种植业管理司全国农业技术推广服务中心编著. 2011. 农作物病虫害专业化统防统治手册[M]. 北京：中国农业出版社，5.

邱强主编. 2013. 作物病虫害诊断与防治彩色图谱[M]. 北京：中国农业科学技术出版社，9.

王春虎，候乐本主编. 2015. 现代玉米规模化生产与病虫草害防治技术[M]. 北京：中国农业科学技术出版社，7.

王运兵，王连泉，等. 1995. 农业害虫综合治理[M]. 郑州：河南科学技术出版社.

吴成宗. 2007. 花生冠腐病的发生和防治对策[J]. 福建农业（7）：25.

颜曰红，蔡方义，盛正礼. 2007. 甘薯瘟的发生与防治[J]. 现代农业科技（9）：85，87.

杨毅主编. 2008. 常见作物病虫害防治[M]. 北京：化工出版社，5.

殷宏阁. 2015. 甘薯病虫害综合防控技术，河北农业（5）：22-23.

袁堂玉，矫岩林，赵健，等. 2011. 浅谈花生主要虫害防治方法[J]. 安徽农学通报，17（1）：144-145.

张学青，孟爽，潘军，等. 2011. 花生蛴螬的发生与防治[J]. 现代农业科技（12）：180，183.

钟汉峰. 2007. 甘薯贮藏期的病害及预防[J]. 科技风（5）：24.

朱素梅，刘清瑞. 2016. 新乡市小麦茎基腐病发生原因与综合防治[J]. 中国植保导刊，36（7）：40-42.